电气自动化技术实践与训练研究

侯秀梅　李少清　胡依平　著

哈尔滨出版社
HARBIN PUBLISHING HOUSE

图书在版编目（CIP）数据

电气自动化技术实践与训练研究／侯秀梅，李少清，
胡依平著. -- 哈尔滨：哈尔滨出版社，2025.1.
ISBN 978-7-5484-8078-5

Ⅰ. TM

中国国家版本馆 CIP 数据核字第 2024MQ3970 号

书　　名：电气自动化技术实践与训练研究
DIANQI ZIDONGHUA JISHU SHIJIAN YU XUNLIAN YANJIU

作　　者：侯秀梅　李少清　胡依平　著
责任编辑：刘　硕
封面设计：赵庆旸

出版发行：哈尔滨出版社（Harbin Publishing House）
社　　址：哈尔滨市香坊区泰山路 82 - 9 号　　邮编：150090
经　　销：全国新华书店
印　　刷：北京虎彩文化传播有限公司
网　　址：www.hrbcbs.com
E - mail：hrbcbs@yeah.net
编辑版权热线：（0451）87900271　87900272
销售热线：（0451）87900202　87900203

开　　本：787mm×1092mm　1/16　印张：10　字数：201 千字
版　　次：2025 年 1 月第 1 版
印　　次：2025 年 1 月第 1 次印刷
书　　号：ISBN 978-7-5484-8078-5
定　　价：58.00 元

凡购本社图书发现印装错误，请与本社印制部联系调换。
服务热线：（0451）87900279

前　言

　　电气自动化是高等院校电气自动化技术类专业的一门以实训为主的工程技术课。在进行实践与训练课程重构时，要根据电气自动化技术专业的实际工作岗位对人才知识、能力和素质结构的需要，以技术应用为关键，以能力培养为主线，理论知识以"必需、够用"为度，进行课程内容体系的重构，实现理论知识与实践技能的整合。根据工作任务，结合国家职业技能标准中电工的相关内容，确定课程的目标。

　　本书是关于电气自动化技术实践与训练研究的著作，本书从电气自动化技术基础入手，对自动控制系统进行了介绍，接着重点论述了电气自动化技术与工业控制网络技术、PLC 控制技术等，然后对电气工程及自动化常用技术技能进行分析，最后介绍电气自动化控制的创新技术与应用。本书可为电气自动化专业的相关人员提供参考。

　　本书参考了大量文献资料，借鉴、引用了诸多专家、学者的研究成果，其主要来源已在参考文献中列出，如有个别遗漏，恳请作者谅解并及时和我们联系。本书得到很多专家学者的支持和帮助，在此深表感谢。由于能力有限，虽极力丰富本书内容，力求著作的完美无瑕，虽经多次修改，仍难免有不妥与遗漏之处，恳请专家和读者指正。

目　录

第一章　电气自动化技术基础

第一节　电气自动化技术的基础理论

一、电气自动化技术概念介绍

自动化技术是指在没有人员参与的情况下，通过使用特殊的控制装置，被控制的对象或者过程自行按照预定的规律运行的一门技术。这一技术以数学理论知识为基础，利用反馈原理来自觉作用于动态系统，从而使系统的输出值接近或者达到人们的预定值。随着电气自动化产业的迅速发展，电气自动化技术成为扩大生产力的有力保障，成为许多行业重要的设备技术。电气自动化技术是由电子技术、网络通信技术和计算机技术共同构成的，其中，电子技术是核心技术。电气自动化技术是工业自动化的关键技术，其实用性非常强，应用范围将越来越广。自动化生产的实现主要依靠工业生产工艺设施与电气自动化控制体系的有效融合，将许多优秀的技术作为基础，从而构成能够稳定运作、具备较多功能的电气自动化控制系统。

反应快、传送信号的速度快、精准性高等是电气自动化技术的主要特征。电气自动化控制系统可提高某一项工艺的产品品质，减少系统运作的对象，提升各类设施之间的契合度，从而有效增强该工艺的自动化生产效果。对此，目前的电气自动化控制系统将电子计算机技术和互联网技术作为运作基础，并配备了自动化工业生产所需的远程监控技术，利用工业产出的需求及时调节自动化生产参数，利用核心控制室来监控不同的自动化生产运作状况。

综上所述，电气自动化技术主要将计算机技术、网络通信技术和电子技术高度集成于一体，因此对这三种技术有着很强的依赖性。与此同时，电气自动化技术充分结合了这三种技术的优势，使电气自动化控制系统具有更多功能，能够更好地服务于社会大众。此外，应用多项科学技术研发的电气自动化控制系统可以应用于多种设备，以控制这些设备的工作过程。在实际应用中，电气自动化控制系统反应迅速、控制精度高，只需要控制相对较少的设备与仪器，就能使整条生产链具备较高的自动化程度，提高生产产品的质量。由此可见，电气自动化技术主要利用计算机技术和网络通信技术的优势，对整个工业生产的工艺流程进行监控，按照实际生产需要及时调整生产线参数，以满足生产的实际需求。

二、电气自动化技术要点分析

（一）电气自动化控制系统的构建

从 20 世纪 50 年代起，我国开始发展电气自动化专业，如今，电气自动化专业依然焕发着勃勃生机，原因是该专业覆盖领域广、适应性强，加之全国各大高校陆续开设同类专业，使这一专业历经多年，发展态势仍强劲。电气自动化专业的开设使得该专业的学生数量不断增多，电气自动化专业从业人员的人数也飞速增长。我国对电气自动化专业技术人员的需求越来越大，供求关系随着需求量的增长而增长，如今，培养电气自动化专业顶尖技术人才是我国亟须解决的重要问题。为此，我国政府发布了许多有利于培养此类专业型人才的政策，为此类人才的培养创造了便利的条件，使得电气自动化专业及其培养出的人才都可以得到更好的发展。由此可见，我国高校电气自动化专业具备优越的发展条件，属于稳步上升的新型技术行业。就目前情况来看，我国电气自动化专业发展将会更加迅速。

我国要想有效应用电气自动化技术，首先必须构建电气自动化控制系统。目前，我国构建的电气自动化控制系统过于复杂，不利于实际运用，并且在资金、环境、人力及技术水准等方面存在一定的问题，使其无法有效地促进电气自动化技术的发展。为此，我国必须提升构建电气自动化控制系统的水平，降低构建系统的成本，减小不良因素对该系统造成的负面影响，从而构建具备中国特色的电气自动化控制系统。电气自动化控制系统的构建应从以下两方面入手。

首先，我国要提高电气自动化专业人才的数量和质量，培养电气自动化专业的高端、精英型人才。虽然当前我国创办的电气企业非常多，电气从业人员和维修人员众多，从业人员的收入也不断上涨，但是我国精通电气自动化专业的优秀人才少之又少，高端、精英型人才稀缺。为此，基于发展前景良好的电气自动化专业的现状和我国社会的迫切需求，各大高校应提高电气自动化专业人才的数量和质量，培养电气自动化专业的高端、精英型人才。

其次，我国要大批量培养电气自动化专业的科研人才。研发顶尖科学技术产品需要技术能力、创新能力强的科研人才，为此，全国各地陆续建立了越来越多的科研机构，专业科研人员团队的数量和实力不断增强。与此同时，随着电气自动化市场的迅速发展，电气自动化技术成为促进社会经济发展的重要力量，电气自动化专业科研人才的发展前景十分乐观。为此，各大高校和科研机构还应该培养一大批技术能力、创新能力强的电气自动化专业科研人才。

（二）实现数据传输接口的标准化

数据传输接口的标准化建设是数据得以安全、快速传输和电气工程自动化得以有效实现的重要因素。数据传输设备是由电缆、自动化功能系统、设备控制系统及一系列智能设备组成的，实现数据传输接口的标准化能够使各个设备之间实现互相联通和资源共享，建设标准化的传输系统。

（三）建立专业的技术团队

目前，许多电气企业的员工存在技术水平低、整体素养低等问题，实际电气工程的安全隐患较大，设备故障和设施损坏的概率较高，严重时还会导致重大安全事故的发生。因此，电气企业在经营过程中应该招募高水准、高品质的人才，利用人才提供的电气自动化技术为社会建设提供坚实的保障，降低人为因素造成的电气设施故障的概率；电气企业还应该使用有效的策略对企业中的工作人员进行专业的技术培训，如入职培训等，丰富工作人员的专业知识。

（四）计算机技术的充分应用

计算机技术的良好发展不仅促进了不同行业的发展，也为人们的日常生活带来了便利。当前社会处于快速发展的网络时代，为了构建系统化和集成化的电气自动化控制体系，可以将计算机技术融入电气自动化控制体系，以此促进该体系朝着智能化的方向发展。将计算机技术融入电气自动化控制体系，不仅可以实现工业产出的自动化，提升工业生产控制的准确度，还可以达到提升工作效率和节约人力、物力等目的。

三、电气自动化技术基本原理

电气自动化技术得以实现的基础在于具备完善的电气自动化控制体系，其主要设计思路集中于监控手段，具体包括现场总线监控和远程监控。整体来看，电气自动化控制体系中，核心计算机的功能是处理、分析体系接受的所有信息，并对所有数据进行动态协调，以完成相关数据的分类、处理和存储。由此可见，保证电气自动化控制体系正常运行的关键在于计算机系统正常运行。在实际操作过程中，计算机系统通过迅速处理大批量数据来完成电气自动化控制体系设定的目标。

启动电气自动化控制体系的方式有很多，具体操作时，需要根据实际情况进行选择。当电气自动化控制体系的功率较小时，可以采用直接启用的方式，以保证体系正常的启动和运行；当电气自动化控制体系的功率较大时，必须采用星形或三角形启用的方式，只有这样才能保证体系正常的启动和运行。此外，有时还可以采用变频调速的方式来启动电气自动化控制体系。实际上，无论采用哪种启动方式，只要能够确保电气自动化控制体系中的生产设施能够稳定、安全运行即可。

为了对不同的设备进行开关控制和操作，电气自动化控制体系将对厂用电源、发电机和变压器组等不同电气系统的控制纳入 ECS 监控的范畴，并构成了 220 kV/500 kV 的发变组断路器出口。该断路器出口不仅支持手动控制电气自动化控制体系，还支持自动控制电气自动化控制体系。此外，电气自动化控制体系在调控系统的同时，还可以对高压厂用变压器、励磁变压器和发电组等保护程序加以控制。

四、电气自动化技术的优缺点

（一）电气自动化技术的优点

电气自动化技术能够提高电气工程工作的效率和质量，并且使电气设备在发生故障时可以立刻发出报警信号并自动切断线路，提高电气工程的精确性和安全性。由此可见，电气自动化技术具有安全性、稳定性及可信赖性等优点。与此同时，电气自动化技术可以使电气设备自动运行，相对于人工操作来说，这一技术大大节约了人力成本，减轻了工作人员的工作量。此外，电气自动化控制体系中还安装了 GPS 技术，能够准确定位故障所在，以此保护电气设备的使用和电气自动化控制体系的正常运行，减少了不必要的损失。

（二）电气自动化技术的缺点

1. 能源消耗现象严重

能源是电气自动化技术得以在各领域应用的基础。目前，能源消耗量过大是电气自动化技术表现出的主要缺点，造成这一缺点的主要原因有两个：第一，在电气自动化控制体系运行的过程中，相关部门对其监管的力度不够，使得电气自动化技术应用时缺少具体的能源使用标准，造成了极大的能源浪费；第二，大部分电气企业在选择电气设备时，仅仅追求电气设备的效率和产量，并未分析电气设备的能耗情况，导致生产过程中使用了能源消耗量极大的电气设备，并造成了能源的浪费。

能源消耗现象严重显然不符合我国节能减排的号召，长此以往，还将对工业的可持续性发展造成影响。因此，为了确保电气自动化技术的良好发展，必须提高相关人员的节能减排意识，从而提高电气自动化控制体系的能源使用效率。

2. 质量存在隐患

纵使当前电气自动化技术已发展得较为成熟，但该技术的质量管理水平方面依旧处于较低的水平。造成这一现象的主要原因在于我国电气自动化技术的起步较晚，缺乏较为完善、合理的管理程序，导致大部分电气企业在应用电气自动化技术时，只侧重对生产结果及生产效率的关注，忽视了该技术应用时的质量问题。

众所周知，一切有关电器、电力方面的技术和设备，其质量方面必须严格把关。如果此类技术和设备的质量控制水平较低，就极有可能会引发多种用电安全问题，如漏电、火灾等，从而造成严重的后果。由此可见，电气自动化技术和设备的质量问题值得社会各界重点关注。

3. 工作效率偏低

企业工作效率的高低取决于生产力水平的高低，因此我们必须对我国电气企业工作效率过低的问题予以高度重视。自改革开放至今，虽然我国电气自动化技术和电气工程取得了良好的成效，但是电气企业的整体经济收益与电气技术长期稳定的发展、企业熟练运用电气自动化技术及电气工程技术存在直接关系。目前，我国电气企业中存在电气自动化技术的使用范围较小、生产力水准较低及使用方式等问题。这是导致我国电气企业工作效率过低的重要因素。

4. 网络架构分散

除了以上缺点，电气自动化技术还具有网络架构较为分散的显著缺点。电气自动化技术不够统一的网络架构，使得电气自动化控制体系内各项技术的衔接不流畅，无法与商家生产的电器设备接口进行连接，从而影响了电气自动化技术在各领域的应用及发展。

实际上，如果不及时对电气自动化技术网络架构分散的缺点进行改善，很可能导致该技术止步于目前的发展状况，无法取得长远的发展。与此同时，由于我国电气企业在生产软硬件电气设备时，缺乏标准的程序接口设置，导致各个企业间生产的设置接口存在较大的差异，彼此无法共享信息数据，进而阻碍了电气自动化技术的发展。由此可见，我国电气企业要想进一步发展和提高自身生产的精确度和生产效率，就要基于当前的社会发展状况，构建统一的电气工程网络构架及规范该构架的标准。

五、电气自动化技术的优化措施

（一）改善能源消费过剩问题

针对电气自动化技术能耗高的问题，企业可以从以下三个方面来解决：一是大力支持新能源技术的发展，新能源回收技术将在实践中得到检验；二是在电气自动化技术的设计过程中，根据技术设计标准，合理引入节能设计，使电气自动化技术的应用不仅可以满足实际的技术要求，而且可以达到降低能耗的目的，真正实现节能减排；三是企业在采购电气设备时，应按照可持续发展的理念来选择新型节能电气设备，尽量减少生产过程中的能耗。

（二）加强质量控制

从前述电气自动化技术的缺点可以看出，电气自动化控制技术质量不高的主要原因是缺乏完善的质量管理体系。因此，电气企业在生产活动中应用电气自动化控制技术时，应按照相关的质量管理标准建立统一、完善的技术管理体系，并针对本企业的各项电气自动化控制技术，建立相应的质检部门，提高电气自动化控制技术在应用过程中的质量管理水平。

（三）建立兼容的网络结构

针对电气自动化技术网络架构不足的问题，电气企业应充分利用现有网络技术的优势来规范、完善电气自动化技术的网络结构。虽然电气自动化技术的不兼容性使该技术的网络架构难以统一，但这并不意味着这个缺点不能改进。在这一方面，建立兼容的网络架构可以弥补电气自动化控制技术中通信的不足，实现系统中存储数据的自由交换，从而促进电气自动化技术的发展和提高。

六、加强电气自动化控制系统建设的建议

（一）电气自动化技术与地球数字化相结合的设想

在科学技术水平持续增长、经济飞速发展的今天，电气自动化技术得到了普及化的应用。随着国民经济的不断发展和改革开放的不断深入，我国工业化进程的步伐进一步加快，电气自动化控制系统在这一过程中扮演着不可忽视的角色。为了加强电气自动化控制系统的建设，这里提出了电气自动化技术与地球数字化相结合的设想。

地球数字化中包括自动化的创新经验，可以将与地球有关的、动态表现的、大批量的、多维空间的、高分辨率的信息数据整理成坐标，并将整理的内容纳入计算机中，再与网络相结合，最终形成电气自动化的"数字地球"，使人们足不出户也可以了解电气自动化技术的相关信息。这样一来，人们若想要知道某个地区的数据信息，就可以按照地理坐标去寻找对应的数据。这也是实现信息技术结合电气自动化技术的最佳方式之一。

　　要想实现电气自动化技术与地球数字化相结合的设想，就要实现电气自动化控制系统的统一化、市场化，安全防范技术的集成化，为此，电气企业需要提升自己的创新能力，政府也要对此予以支持。下面将从电气企业的角度出发，分析其实现电气自动化技术与地球数字化相结合的设想应采取的措施。

　　首先，电气自动化控制系统的统一化不仅对电气自动化产品的周期性设计、安装与调试、维护与运行等功能的实现有着非常重要的影响，而且可以减少电气自动化控制系统投入使用时的时间和成本。要想实现电气自动化控制系统的统一化，电气企业就需要将开发系统从电气自动化控制系统的运行系统中分离。这样一来，不仅达到了客户的要求，还进一步升级了电气自动化控制系统。值得注意的是，电气工程接口标准化也是电气自动化控制体系的统一化的重要内容之一，电气工程接口标准化对于资源的合理配置、数字化建设效果的优化都有较为积极的意义。

　　其次，电气企业要运用现代科学技术深入改革企业内部的体制，在保障电气自动化控制系统并作为一种工业产品来发挥作用的同时，还要确保电气产品进入市场后可以适应市场发展的需求。由此可见，电气企业要密切关注产品市场化所带来的后果，确保电气自动化技术与地球数字化可以有效结合。另外，电气企业研发投入的不单是开发的技术和集成的系统，还要采取社会化和分工外包的方式，使得零部件的配套生产工艺逐渐朝着生产市场化、专业化方向发展，打造能够实现资源高效配置的电气自动化控制系统产业链条。实际上，产业发展的必然趋势就是产业市场化，实现电气自动化控制系统的市场化发展对于提升电气自动化控制系统来说具有非常重要的作用。

　　再次，安全防范技术的集成化是电气企业改进电气自动化技术的战略目标之一，其关键在于如何确定电气自动化控制系统的安全性，保证人、机、环境三者的安全。当电气自动化控制系统安全性不高时，电气企业要用最少的费用制订最安全的方案。具体流程为：电气企业要先探究市场发展和延伸的特征，考虑安全性最高的方案，然后将低安全方案不断调整，从硬件设备到软件设备，从公共设施层到网络层，全方位研究电气自动化控制系统的安全与防范设计。

　　最后，电气企业需要不断提升自身的技术创新能力，加大对具备自主知识产权的电气自动化控制系统的科研投入，将引进的新型技术产业进行及时的"理解—吸收—再创新"，以便在电气自动化技术的创新过程中提供更为先进的技术支持。与此同时，鉴于电气自动化控制系统已成为推动社会经济发展的主导力量，政府应当对此予以重视，完善、健全相关的创新机制，在政策上对其加大扶持力度。

　　此外，电气自动化控制系统采用了微软公司的标准化接口技术后，大大降低了工程的成本。同时，程序标准化接口解决了不同接口之间通信难的问题，保证了不同厂家之间的数据交换，成功实现了共享数据资源的目标，为实现电气自动化技术与地球数字化相结合的设想提供了条件。

（二）现场总线技术的创新使用可以节省大量的成本

通过研究电气自动化控制系统可知，该系统使用以以太网作为核心的计算机网络，并结合现场总线技术，经过了系统运行经验的积累，使电气自动化技术朝着智能化的方向发展。现场总线技术的创新使用使电气自动化控制系统的建设过程凸显其目的性——高效融合电气设备的生产信息与顶层信息，并将该系统的通信途径供应给企业的最底层设施。此外，电气企业在设计电气自动化控制系统时，可以根据间隔不同产生不同效果的特征，实现对间隔状况的控制。

将现场总线技术创新应用于电气企业的底层设施中，不仅能够满足网络向工业提供服务的需求，还初步实现了政府管理部门获取电气企业数据的目的，节省政府搜集信息的成本。

（三）加强电气企业与相关专业院校之间的合作

为了加强电气自动化控制系统的建设，相关专业院校应该积极建设电气自动化专业的校内车间和厂区，建设具备多种功能、可以积累经验的生产培训场所，以此促进电气自动化专业人才能力的提升。高校应充分融合相关的数据和信息，并针对市场的需要来培养电气自动化技术专业人才。同时，高校还应充分融合实践和教学来促进学生对教材知识的充分掌握，通过实践来夯实理论知识，最终培养出能够满足电气企业和市场需求的人才。

为了促进岗位职能与实践水平的有效融合，电气企业应该积极联合相关专业院校联合创建培训基地，在基地内部实行技术生产、技巧培训，集中建设不同功用的生产、学习、试验培训场地；电气企业还应根据企业的具体要求，设定相关的理论学习引导策略和培育人才的教学策略。对于订单式人才培育而言，电气企业应该结合企业与高校的优势，通过分析企业的人才需求，与相关专业院校共同制订人才培育的教学方案，从而实现电气自动化专业人才的针对性培养。

综上所述，高校应该在学生在校期间就开始培养学生的电气自动化技术，并强化与电气企业间的合作，确保学生在校期间就已经具备高超的专业技术，并能够将自身掌握的知识合理地运用于电气自动化技术的实践中，从而促进电气自动化行业的快速发展。电气企业也要积极与高校联系，针对特定的岗位需求，培养出"订单式"电气自动化专业人才。

（四）改革电气自动化专业的培训体系

首先，高校应该融合不同岗位群体所需要的理论知识和技能水平，以工作岗位为基础，根据岗位特征确定电气自动化专业的教学内容。其次，高校应该将研究对象设置为切实可靠的生产任务，并以此为基础对学生电气自动化技术的实践能力进行测试，并根据测试结果改善课程中的学习内容，将实践、授课和学习三个方面有机结合。最后，为了使学生能够深入了解电气自动化具体的工作流程，学校应该在教育教学的过程中，组织相关的实习。

综上所述，为了使电气自动化专业的人才运用自身的知识，推动电气自动化行业的发展，高校应该对在校学生进行电气自动化技能培养，改革陈旧的电气自动化专业的培训体系，强化学校和电气企业间的合作。

七、电气自动化技术的影响因素

（一）电子信息技术发展产生的影响

信息技术是指人们管理和处理信息时采用的各类技术的总称，具体包含通信技术和计算机技术等，其主要目标是对有关技术和信息等方面进行显现、处理、存储和传感。电子信息技术是指为了获取不同内容的信息，运用计算机自动控制技术、通信技术等现代技术，是对信息内容进行传输、控制、获取、处理等的技术。

如今，电子信息技术早已被人们熟知，它与电气自动化技术的关系十分紧密，相应的软件在电气自动化技术中得到了良好的应用，能够使电气自动化技术更加安全、可靠。当前，人们处于一个信息爆炸的时代，我们需要尽可能地构建出一套完整、有效的信息收集与处理体系，否则可能无法紧跟时代的步伐，会与时代脱节。对此，电气自动化技术要想取得突破性的进展，就需要融入最新的电子信息技术，探寻电气自动化技术的可持续发展的路径，扩展其发展前景与发展空间。

综上所述，电子信息技术是在社会经济的不同学科范畴内运用的信息技术的总称。对于电气自动化技术而言，电子信息技术的发展可以为其提供优秀的工具基础，电子信息技术的创新可以推动电气自动化技术的发展。同时，不同学科范畴的电气自动化技术也可以反作用于电子信息技术的发展。

（二）物理科学技术发展产生的影响

20世纪下半叶，物理科学技术的发展有效促进了电气自动化技术的发展。至此之后，物理科学技术与电气自动化技术的联系日益密切。总的来说，在电气自动化技术运用和发展的过程中，物理科学技术的发展起到了至关重要的作用。为此，政府和电气企业应该密切关注物理科学技术的发展，以避免电气自动化技术在发展的过程中出现违反现阶段物理科学技术的产物，阻碍电气自动化技术的良性发展。

（三）其他科学技术进步所产生的影响

其他科学技术的进步推动了电子信息技术的快速发展和物理科学技术的不断进步，进而推动了电气自动化技术的快速发展。除此之外，现代科学技术的飞速发展及分析方法的快速更新，直接推动电气自动化技术设计方法的发展。

第二节　电气自动化技术发展的意义和趋势

一、电气自动化技术发展的意义

随着电气自动化技术的不断发展，电气自动化控制设备已经走向成熟阶段，我国消费群体及用户对电气自动化控制设备在性能与可靠性方面的要求越来越高，其中，提高电气自动化控制设备运行的可靠性是人们最基本的要求。这是因为具有可靠性的电气自动化控制设备可以将设备出现故障的概率控制在较小范围内，不仅提高了该设备的使用效率，还降低了使用单位在维护与管理方面的成本投入。所以，如何提高电气自动化控制设备的可靠性成为人们亟待解决的问题。

电气自动化控制设备的可靠性主要体现在以下几个方面：设备自身的经济性、安全性与实用性。按照实际生产经验来看，电气自动化控制设备的可靠性与产品生产和加工质量都有十分密切的关系，而电气产品生产和加工质量与电气自动化技术有关。由此可见，发展电气自动化技术对提高电气自动化控制设备的可靠性具有重要的意义。

二、电气自动化技术的发展趋势

（一）开放化发展

在研究人员将自动化技术与计算机技术融合后，计算机软件的研发项目获得了显著发展，企业资源计划（ERP）集成管理理念随着电气企业自动化管理的发展，受到了民众的普遍重视。ERP体系集成管理理念，是指对整条供应链的人、财、物等所有资源及其流程进行管理。现阶段，我国电气自动化技术正在朝着集成化方向发展。对此，研究电气自动化技术的工作人员应该加强对开放化发展趋势的重视。

电气自动化技术的开放化发展促进了电气企业工作效率的提升和信息资源的共享。

与此同时，以太网技术的出现进一步推动电气自动化技术向开放化方向发展，使电气自动化控制体系在互联网和多媒体技术的协同参与中得到了升级。

（二）智能化发展

电气自动化技术的应用给人们的生产和生活带来了极大的便利。当前，电气自动化技术因以太网输送效率的提升而面临着重大的发展机会和挑战。对此，相关研究人员应该重视电气自动化技术智能化发展的研究，以满足市场对电气自动化技术提出的发展要求，从而促使电气自动化技术在智能化发展的道路上走得更远，促进电气自动化技术的可持续发展。

目前，大部分电气企业着重研究和开发电气设备故障检测的智能化技术，这样做不仅可以提升电气自动化控制体系的安全性和可靠性，而且可以降低电气设备发生故障的概率。此外，大部分电气企业已经对电气自动化技术的智能化发展有了一定的认识和看法，有些甚至已经取得了阶段性的研究成果，如与人工智能技术进行了结合，这些都有效促进了电气自动化技术朝着智能化方向发展。

（三）安全化发展

安全化是电气自动化技术得以在各个领域广泛应用的立足之本。为了确保电气自动化控制体系的安全运转，相关研究人员应该在降低电气自动化控制体系成本的基础上，对非安全型与安全型的电气自动化控制体系进行统一集成，确保用户可以在安全的状况下使用电气设备。为了确保网络技术的稳定性和安全性，相关研究人员应该站在我国现今电气自动化控制体系安全化发展的角度上，对电气设备硬件设施转化成软件设施的内容进行重点研究，使现有的安全级别向危险程度低的级别转化。

（四）通用化发展

目前，电气自动化技术正在朝着通用化的方向发展，越来越多的领域开始应用电气自动化技术。为了真正实现电气自动化技术的通用化，相关研究人员应该对电气设备进行科学设计、适当调试，并不断提高电气设备的日常维护水平，从而满足用户多方面的需求。与此同时，当前越来越多的电气自动化控制体系开始普遍使用标准化的接口，这种做法有力推动了多个企业和多个电气自动化控制体系资源数据的共享，实现了电气自动化技术和电气自动化控制体系的通用化发展，为用户带来更大的便利。在未来计算机技术与电气自动化技术结合的过程中，Windows 平台、OPC 技术和 IEC 61131 标准将发挥重要的作用，使 IT 平台与电气自动化技术的融合进一步加快。

在电气自动化的发展过程中，电气自动化技术的集成化和智能化发展得较为顺利，通用化发展存在些许障碍。为了强化工作人员对电气自动化控制体系的认知，电气企业应该就电气自动化控制体系中的安装、工作人员的操作等内容进行培训，使工作人员可以充分掌握体系中的各个设备和安装环节。需要重点关注的是，电气企业需要对没有接触过新技术、新设施的工作人员进行培训。与此同时，电气企业应该对可能会降低电气自动化控制体系可靠性和安全性的方面进行预防，重视提升员工的技术操作水准，务必保证员工充分掌握体系中的硬件操作、保养维修软件等有关技术，以此推动电气自动化技术朝着通用化的方向发展。

（五）变频器电路的发展趋势与电气自动化技术的发展助力

1. 变频器电路从低频发展成高频

高频变频器电路在实际运行的过程中，不仅不会对逆变器的运行稳定性和安全性造成任何影响，还可以大幅提升逆变器的运行效率，有效减少其对开关的伤害。在此背景下，逆变器的尺寸就会逐渐缩小，逆变器在生产环节中消耗的成本自然可以得到有效控制。此外，逆变器功率的提升使其朝着集成化的方向发展，但必须将逆变器应用于高频电路才可以凸显其优势。由此可见，在电气自动化技术发展的过程中，变频器电路必定会朝着高频的方向发展。

2. 计算机技术及电子技术推动了电气自动化技术的发展

20世纪80年代，单片机技术的发展和应用使我国电气设备实现了全面更新，再结合计算机技术的应用，促使企业实际运行的过程中实现了实时动态监控及自动化调度等目标，并以此为基础促使企业生产朝着自动化的方向发展。这些举措都有效推动了电气自动化技术的发展。在此基础上研发出来的电气自动化应用系统的应用软件可以实现企业对实时、动态的数据开展采集、汇总等工作。但是，在此过程中，仍然存在一些问题。例如，不同厂家提供的电气设备实际上不可以相互连接；电气设备和计算机之间采用的是星形连接模式，导致数据信息传输的实时性比较弱，难以及时调动各种类型的设备执行指令，进而导致企业运行的安全性及稳定性受到一定的威胁。随着计算机技术及电子技术的发展，这些问题得到一定程度上的缓解，推动了电气自动化技术的发展，也使企业运行的安全性及稳定性得到了大幅度的提升。

第三节　电气自动化技术的衍生技术及其应用

一、电气自动化节能技术的应用

（一）电气自动化节能技术概述

作为电气自动专业的新兴技术，电气自动化节能技术不断发展，已经与人们的日常生活及工业生产密切相关。它的出现不但使企业运行成本降低、工作效率提升，还使劳动人员的劳动条件和劳动生产率得以改善。近年来，"节能环保"逐渐被提上日程。根据世界未来经济发展的趋势可知，要想掌控世界经济的未来，就要掌握有关节能的高新产业技术。对于电气自动化系统来说，随着城市电网的逐步扩展，电力持续增容，整流器、变频器等使用频率越来越高，这会产生很多谐波，使电网的安全受到威胁。要想清除谐波，就要以节能为出发点，从降低电路的传输消耗、补偿无功，选择优质的变压器使用有源滤波器等方面入手，从而使电气自动化控制系统实现节能的目的。基于此，电气自动化节能技术应运而生。

（二）电气自动化节能技术的应用设计

1. 为优化配电的设计

在电气工程中，许多装置都需要电力来驱动，电力系统就是电气工程顺利实施的动力保障。因此，电力系统首先要满足用电装置对负荷容量的要求，并且提供安全、稳定的供电设备及相应的调控方式。配电时，电气设备和用电设备不仅要达到既定的规划目标，而且要有可靠、灵活、易控、稳妥、高效的电力保障系统，还要考虑配电规划中电力系统的安全性和稳定性。

此外，要想设计安全的电气系统，首先，要使用绝缘性能较好的导线，施工时还要确保每个导线间有一定的绝缘间距；其次，要保障导线的热稳定、负荷能力和动态稳定性，使电气系统使用期间的配电装置及用电设备能够安全运行；最后，电气系统还要安装防雷装置及接地装置。

2. 为提高运行效率的设计

选取电气自动化控制系统的设备时，应尽量选择节能设备，电气系统的节能工作要从工程的设计初期做起。此外，为了实现电气系统的节能作用，可以采取减少电路损耗、补偿无功、均衡负荷等方法。例如，配电时通过设定科学合理的设计系数来实现负荷量。组配及使用电气系统时，通过采用以上方法，可以有效提升设备的运行效率及电源的综合利用率，从而直接或者间接降低耗电量。

（三）电气系统中的电气自动化节能技术

1. 降低电能的传输消耗

功率损耗是由导线传输电流时，因电阻而导致损失功耗。导线传输的电流是不变的，如果要减少电流在线路传输时的消耗，就要减少导线的电阻。导线的电阻与导线的长度成正比，与导线的横截面积成反比，具体公式如下：

$$R = \rho \frac{L}{S}$$

式中：R——导线的电阻，单位是 Ω；

ρ——电阻率，单位是 $\Omega \cdot m$；

L——导线的长度，单位是 m；

S——导线的横截面积，单位是 m^2。

由上式可知，要想使导线的电阻 R 减小，有以下几种方法：第一，在选取导线时选择电阻率 ρ 较小的材质，这样就能有效减少电能的电路损耗；第二，在进行线路布置时，导线要尽量走直线而避免过多的曲折路径，从而缩短导线的长度 L；第三，变压器安装在负荷中心附近，从而缩短供电的距离；第四，加大导线的横截面积，即选用横截面积 S 较大的导线来减小导线的电阻 R，从而达到节能的目的。

2. 选择变压器

在电气自动化节能技术中选择合适的变压器至关重要。一般来说，变压器的选择需要满足以下要求。第一，变压器是节能型产品，这样变压器的有功功率的耗损才会降低；第二，为了使三相电的电流在使用中保持平稳，就需要变压器减少自身的耗损。为了使三相电的电流保持平稳，经常会采用以下手段：单相自动补偿设备、三相四线制的供电方式、将单相用电设备对应连接在三相电源上等。

3. 无功补偿

无功功率是指在具有电抗的交流电路中，电场或磁场在一周期的一部分时间内从电源吸收能量，另一部分时间则释放能量，在整个周期内平均功率是 0，但能量在电源和电抗元件（电容、电感）之间不停交换。交换率的最大值即无功功率。有功功率 P、无功功率 Q、视在功率 S 的计算公式分别如下：

$$P = IU\cos\varphi$$

$$Q = IU\sin\varphi$$

$$P^2 + Q^2 = S^2$$

式中，I——电流，单位为 A；

　　U——电压，单位为 V；

　　φ——电压与电流之间的夹角，单位为°；

　　Q——无功功率，单位为 Var；

　　$\cos\varphi$——功率因数，即有功功率 P 与视在功率 S 的比值。

由于无功功率在电力系统的供配电装置中占有很大的一部分容量，导致线路的耗损增大，电网的电压不足，从而使电网的经济运行及电能质量受到损害。对于普通用户来说，功率因数较低是无功功率的直接呈现方式，如果功率因数低于 0.9，供电部门就会向用户收取相应的罚金，这就造成用户的用电成本增加，损害经济利益。如果使用合适的无功补偿设备，那么就可以提高功率因数。这样一来，就可以达到提升电能品质、稳定系统电压、减少消耗等目的，进而提高社会效益和经济利润。例如，在受导电抗的作用下，电机发出的交流电压和交流电流不为 0，导致电器不能将电机所发出的电能全部接收，导致在电器和电机之间不能被接收的电能在来回流动时得不到释放。又因为电容器产生的是超前的无功，所以无功率的电能与使用的电容器补偿之间能进行相互消除。

综上所述，这三种方式可以达到节省能源、减少能耗的目的。

二、电气自动化监控技术的应用

（一）电气自动化监控系统的基本组成

将各类检测、监控与保护装置结合并统一后就构成了电气自动化监控系统。目前，我国很多电厂的监控系统多采用传统、落后的电气监控体系，自动化水平较低，不能同时监控多台设备，不能满足电厂监控的实际需要。基于此，电气自动化监控技术应运而生，这一技术的出现很好地弥补了传统监控系统的不足。下面具体阐述电气自动化监控系统的基本组成。

1. 间隔层

在电气自动化监控系统的间隔层中，各种设备在运行时常常被分层间隔，并且在开关层中还安装了监控部件和保护组件。这样一来，设备间的相互影响可以降到最低，很好地保护了设备运行的独立性。而且，电气自动化监控系统的间隔层减少了二次接线的用量，这样做不仅降低了设备维护的次数，还节省了很多资金。

2. 过程层

电气自动化监控系统的过程层主要是由通信设备、中继器、交换装置等部件构成的。过程层可以依靠网络通信实现各个设备间的信息传输，为站内信息进行共享提供极好的条件。

3. 站控层

电气自动化监控系统的站控层主要采用分布开发结构，其主要功能是独立监控电厂的设备。站控层是发挥电气自动化监控技术监控功能的主要组成部分。

（二）应用电气自动化监控技术的意义

1. 市场经济意义

电气自动化企业采用电气自动化监控技术可以显著提升设备的利用率，加强市场与电气自动化企业间的联系，推动电气自动化企业的发展。从经济利益方面来说，电气自动化监控技术的出现和发展，极大地改变了电气自动化企业传统的经营和管理方式，提高了电气自动化企业对生产状况的监控方式和水平，使得多种成本资源的利用更加合理。应用电气自动化监控技术不仅提升了资源利用率，还促进了电气自动化企业的现代化发展，从而使企业达成社会效益和企业经济效益的双赢。

2. 生产能力意义

电气自动化企业的实际生产需要运用多门学科的知识，而要切实提高生产力，离不开先进科技的大力支持。将电气自动化监控技术应用到电气自动化企业的实际运营中，不仅降低了工人的劳动强度，还提高了企业整体的运行效率，避免了由于问题发现不及时而造成的问题。与此同时，随着电气自动化监控技术的应用，电气自动化企业劳动力减少，对于新科技、科研方面的投资力度加大，使电气自动化企业整体形成了良性循环，推动电气自动化企业整体进步。对此，需要注意的是，企业的管理人员必须了解电气自动化监控技术的实际应用情况，对电厂的发展做出科学的规划，以此体现电气自动化监控技术的向导作用。

（三）电气自动化监控技术在电厂的实际应用

1. 自动化监控模式

目前，电厂中经常使用的自动化监控模式分为两种：一是分层分布式监控模式，二是集中式监控模式。

分层分布式监控模式的操作方式为：电气自动化监控系统的间隔层中使用电气装置实施阻隔分离，并且在设备外部装配了保护和监控设备；电气自动化监控系统的网络通信层配备了光纤等装置，用来收取主要的基本信息，信息分析时要坚决依照相关程序进行规约变换；最后把信息所含有的指令传送出去，此时电气自动化监控系统的站控层负责对过程层和间隔层的运作进行管理。

集中式监控模式是指电气自动化监控系统对电厂内的全部设备实行统一管理，其主要方式是：利用电气自动化监控把较强的信号转化为较弱的信号，再把信号通过电缆输入终端管理系统，使构成的电气自动化监控系统具有分布式的特征，从而实现对全厂进行及时监控。

2. 关键技术

（1）网络通信技术

应用网络通信技术主要通过光缆或者光纤来实现，还可以借助利用现场总线技术实现通信。虽然这种技术具备较强的通信能力，但是它会对电厂的监控造成影响，并且限制电气自动化监控系统的有序运作，不利于自动监控目标的实现。实际上，如今还有很多电厂仍在应用这种技术。

（2）监控主站技术

这一技术一般应用于管理过程和设备监控中。应用这一技术能够对各种装置进行合理的监控和管理，能够及时发现装置运行过程中存在的问题和需要改善的地方。针对主站配置来说，需要依据发电机的实际容量来确定，不管发电机是哪种类型的，都会对主站配置产生影响。

（3）终端监控技术

终端监控技术主要应用在电气自动化监控系统的间隔层中，它的作用是对设备进行检测和保护。当电气自动化监控系统检验设备时，借助终端监控技术不仅能够确保电厂的安全运行，还能够提升电厂的可靠性和稳定性。这一技术在电厂的电气自动化监控系统中具有非常重要的作用，随着电厂的持续发展，这一技术将被不断完善，不仅要适应电厂进步的要求，还要增加自身的灵活性和可靠性。

（4）电气自动化相关技术

电气自动化相关技术经常被用于电厂的技术开发中，这一技术的应用可以减少工作人员在工作时出现的严重失误。要想对这一技术进行持续的完善和提高，主要从以下几个方面开展。

第一，监控系统。初步配置电气自动化监控系统的电源时，要使用直流电源和交流电源，而且两种电源缺一不可。如果电气自动化监控系统需要放置于外部环境中，则要将对应的自动化设备调节到双电源的模式，此外需要依照国家的相关规定和标准进行电气自动化监控系统的装配，以此确保电气自动化监控系统中所有设备能够运行。

第二，确保开关端口与所要交换信息的内容相对应。绝大多数电厂通常会在电气自动化监控系统使用固定的开关接口，因此，设备需要在正常运行的过程中保证所有开关接口能够与对应信息相符。这样一来，整个电气自动化监控系统设计就变得十分简单，即使以后线路出现故障，也便于维修。但是，这种设计会使用大量的线路，给整个电气自动化监控系统造成很大的负担，如果不能快速调节就会降低系统的准确性。

此外，电厂应用该技术时，要对自应监控系统与自动化监控系统间的关系进行确定，分清主次关系，坚持以自动化监控系统为主的准则，使电厂的监控体系形成链式结构。

第三，准确运用分析数据。在使用自动化系统的过程中，需要运用数据信息对对对应的事故和时间进行分析。但是，由于使用不同电机，产生的影响会存在一定的差异，最终的数据信息内容会欠缺准确性和针对性，无法有效反映实际、客观状况的影响。

第二章　自动控制系统

第一节　自动控制系统概述

一、自动控制系统的发展

自动化控制技术以数学理论知识为基础，利用反馈原理作用于动态系统，使输出值接近或者达到人们的预定值。自动控制系统的大量应用不仅提高了工作效率，而且提高了工作质量，改善了相关从业人员的工作环境。下面将对自动控制系统的相关内容及其应用进行系统阐述。

本书所讲的自动控制系统是指应用自动控制设备，使设备自动生产的一整套流程。在实际生产中，自动控制系统会设置一些重要参数，这些参数会受到一些因素的影响并发生改变，从而使生产脱离了正常模式。这时就需要自动控制装置发挥作用，使改变的参数回归正常数值。此外，许多工艺生产设备具有连续性，如果其中一个装置发生了改变，会导致其他装置设定的参数发生或大或小的改变，使正常的工艺生产流程受到影响。需要注意的是，这里所说的自动控制系统的自动调节不涉及人为因素。

我国自动控制系统经过几十年的持续发展已经取得了长足的进步。近年来，我国工业自动控制系统装置的成果令人瞩目，工业自动化设备产量的增速为 3.8%。与此同时，国产自动控制系统在炼油、化肥、火电等领域都取得了可喜的成绩。

我国自动化市场的主体主要有商品分销商、系统集成商、软硬件制造商。在自动化软硬件产品领域，中高端市场一直被国外的知名品牌垄断；在系统集成领域，大型跨国公司霸占了高端市场，自动化行业的系统集成业务都被有着深厚行业背景的公司所掌控，系统集成企业之间的行业竞争激烈；在产品分销领域，大型跨国公司的重要分销商是行业内的领先者。随着自动化控制行业间竞争的加剧，规模较大的生产自动控制系统装置的企业间多次进行资产并购，也有一部分工业自动控制系统制造企业愈发注重对本行业市场进行分析，尤其是针对购买产品的客户和产业发展的境况进行探究。换言之，我国工业自动控制系统制造企业正在努力发展自身，并逐步缩小与国外企业的差距。

自动控制系统常因行业不同而存在差异，甚至是同一行业中的用户也会因为各自工艺的不同导致需求有很大差异。并且客户需要的通常是全面整体的自动控制系统，而供应商提供的是各类标准化的部件。这种供应与需求间的错位关系，使工业自动化的发展前景十分广阔。

相关研究表明，目前世界上规模最大的工业自动控制系统装置在中国。工业自动控制系统大多在工业技术改革、工厂的机械自动化、企业信息化等方面的市场前景广阔。而网络化、智能化、集成化都是工业自动控制系统的发展动向。

实际上，人类社会的各个领域都有工业自动控制系统的影子。在工业领域，机械制造、化工、冶金等生产过程中的各种物理量，如速率、厚度、压力、流量、张力、温度、位置、相位、频率等都有对应的控制程序；有时人们会运用数字计算机进行生产数控操作，从而更好地控制生产过程，并使生产过程具备较高程度的自动化水平；人们还建立了同时具有管理与控制双重功能的自动操作程序。在农业领域，自动控制系统主要应用于农业机械自动化及水位的自动调节方面。在军事技术领域，各型号的伺服系统、制导与控制系统、火力控制系统等都应用了自动控制系统。在航海、航空、航天领域，自动控制系统不仅应用于各种控制系统中，还在遥控方面、导航方面及仿真器方面有突出表现。除此之外，自动控制系统在交通管理、图书管理、办公自动化、日常家务等领域都有实际应用。随着控制技术及控制理论的进一步发展，自动控制系统涉及的领域会越来越广阔，其范围也会扩展到医学、生态、生物、社会、经济等方面。这也进一步说明了自动控制系统的发展前景十分广阔，值得人们对此进行研究和开发。

二、自动控制系统的结构

（一）开环控制系统

开环控制系统是一种简单的控制方式，在控制器和控制对象间只有正向控制作用系统的输出量不会对控制器产生任何影响。在该系统中，每一个输入量都有一个与之对应的工作状态和输出量，系统的精度仅取决于元器件的精度和特性调整的精度。这类系统结构简单、成本低、容易控制，但是控制精度低，因为如果在控制器或控制对象上存在干扰，或者由于控制器元器件老化，控制对象结构或参数发生变化，均会导致系统输出的不稳定，使输出值偏离预期值。正因为如此，开环控制系统一般适用于干扰不强或可预测，以及控制精度要求不高的场合。

如果系统的给定输入与被控量之间的关系固定，且其内部参数或外来扰动的变化都较小，或这些扰动因素可以事先确定并能给予补偿，则采用开环控制也能取得较为满意的控制效果。

（二）闭环控制系统

如果控制器和被控对象之间不仅存在正向作用，而且存在反向作用，即系统的输出量对控制量具有直接的影响，那么这类控制称为闭环控制，将检测出来的输出量送回系统的输入端，并与输入信号比较，称为反馈。因此，闭环控制又称为反馈控制，在这样的结构下，系统的控制器和控制对象共同构成了前向通道，而反馈装置构成了系统的反馈通道。

在控制系统中，反馈的概念非常重要。如果将反馈环节取得的实际输出信号加以处理，并在输入信号中减去这样的反馈量，再将结果输入到控制器中去控制被控对象，我们称这样的反馈为负反馈；若由输入量和反馈量相加作为控制器的输入，则称为正反馈。

在一个实际的控制系统中，具有正反馈形式的系统一般是不能改进系统性能的，而且容易使系统的性能变差，因此不被采用。而且有负反馈形式的系统可通过自动修正偏离量，系统趋向于给定值，并抑制系统回路中存在的内扰和外扰的影响，最终达到自动控制的目的。通常反馈控制就是指负反馈控制。与开环系统比较，闭环控制系统的最大特点是可以检测偏差、纠正偏差。从系统结构上看，闭环系统具有反向通道，即反馈。从功能上看，第一，由于增加了反馈通道，系统的控制精度得到了提高，若采用开环控制，要达到同样的精度，则需要高精度的控制器，从而大大增加了成本；第二，由于存在系统的反馈，可以较好地抑制系统各环节中可能存在的扰动和由于器件的老化而引起的结构和参数的不稳定性；第三，反馈环节的存在，同时可较好地改善系统的动态性能。当然，如果引入不适当的反馈，如正反馈，或者参数选择不恰当，不仅达不到改善系统性能的目的，甚至会导致一个稳定的系统变为不稳定的系统。

指令电位器和反馈电位器组成的桥式电路是测量比较环节，其作用就是测量控制量——输入角度和被控制量——输出角度，变成电压信号，产生偏差电压。

由上可知，由于自动控制系统具有良好的发展前景，该行业也需要更多的专业人才。以电气工程及其自动化专业为例，该专业是一个很受广大学生欢迎的专业，因此与其他专业相比，它的高考分数线相对比较高。造成这一现象的关键因素：①这一专业在就业环境、收入和就业难易程度上都比其他专业占优势；②这一专业的名称高端，可以激发学生的兴趣；③这一专业的社会关注度非常高；④这一专业的研究内容向现实产品转换比较容易，且产生的效益也非常好，有非常好的发展前景。由此可见，这一专业具有创造性的研究思路，是发挥、展现个人能力的良好就业方向。这一专业是一个"宽口径"专业，专业人才要想更好地适应这一专业，就需要学习必要的学科知识。对于专业人才而言，学习电气工程及其自动化专业的基础是学好继电保护理论和控制理论等，以及能够支持其研究的主要手段就是电子技术、计算机技术等。这一专业涵盖了以下几个研究领域：系统设计、系统分析、系统开发、系统管理与决策等。这一专业还具有电工电子技术相结合、软件与硬件相结合、强弱电结合的特点，具有交叉学科的性质，是一门涉及电力、电子、控制、计算机等学科的综合学科。

第二节　自动控制系统的组成及控制方式

一、自动控制系统的组成及常见名词术语

（一）自动控制系统的组成

由于具体用处和被控制对象的不同，自动控制系统产生了多样化的构造。根据工作原理，许多功能不同的基本元件构成了自动控制系统。自动控制系统比较常见的功能框也叫方框图（图2-1）。图2-1中的各个方框表示的是有着特别作用的各个元件。由图2-1可知，放大元件、比较元件、反馈元件、执行元件、并联校正元件、串联校正元件及被控对象构成了一个完整的自动控制系统。

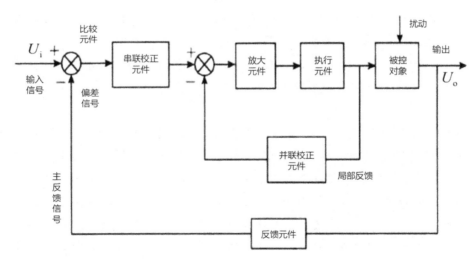

图2-1　典型自动控制系统的功能框图

一般来说，我们把被控对象以外的全部元件进行组合，称其为控制器。

图 2 - 1 中各元件的功能如下。

（1）反馈元件：用以测量被控量并将其转换成与输入量相同的物理量后，再反馈到输入端以做比较。

（2）比较元件：用来比较输入信号与反馈信号，并产生反映两者差值的偏差信号。

（3）放大元件：将微弱的信号做线性放大。

（4）串联校正元件和并联校正元件：按某种函数规律变换控制信号，以改善系统的动态品质或静态性能。

（5）执行元件：根据偏差信号的性质执行相应的控制作用，以便使被控量按期望值变化。

（二）自动控制系统中常见的名词术语

（1）自动控制系统：把自动控制设备和被控对象按照某种方法进行连接，能够对某种任务进行自动控制的整体组合。

（2）给定值：是系统输入信号，又称"参考输入"，此指令信号主要用于掌控输出量变化规律。

（3）被控量：是系统输出信号，是指在系统被控对象中要求遵循某些规律变化的物理量，它与输入量之间要保持一定的函数关系。

（4）反馈信号：由系统（或元件）输出端取出，并反向送回系统（或元件）输入端的信号。反馈信号分为主反馈信号和局部反馈信号。

（5）偏差信号：是给定值与主反馈信号之差。

（6）误差信号：其实质是从输入端定义的期望值与实际值之差，在单位反馈的情形下误差值也就是偏差值，两者具有相等关系。

（7）控制信号：使被控量逐渐趋于给定值的一种作用，该作用有助于消除系统中的偏差。

（8）扰动信号：又叫"扰动""干扰"，是一种人们不期望出现的、对系统输出规律有不利影响的因素。

需要注意的是，扰动信号与控制信号背道而驰。扰动信号既可来自系统外部，又可来自系统内部，前者称为"外部扰动"，后者称为"内部扰动"。

二、自动控制系统的控制方式

按照有无反馈元件，自动控制系统的控制方式可以分为开环控制、闭环控制和复合控制。为了便于读者理解，下面将结合控制系统简图和控制系统方框图进行分类讨论。

（一）开环控制

控制装置与被控对象之间只有顺向作用，没有反向联系的控制方式就是开环控制，其对应的控制系统就是开环控制系统。为了便于读者理解，下面以电动机转速控制系统为例来阐述开环控制方式，电动机转速开环控制系统简图如图 2-2 所示，电动机转速开环控制系统方框图如图 2-3 所示。

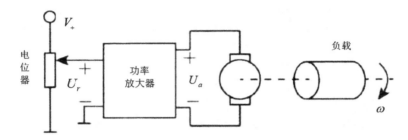

图 2-2　电动机转速开环控制系统简图

注：图中电动机是直流电动机，其作用是以一定的转速转动，从而带动负载（在物理学中，负载指连接在电路中的电源两端的电子元件，用于把电能转换成其他形式的能量的装置）。

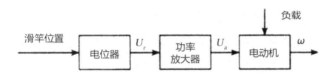

图 2-3　电动机转速开环控制系统方框图

由图 2-2 可知，电动机输入量是给定电压 U_r，被控量是电动机转速 ω。通过改变电位器（电位器是具有三个引出端、阻值可按某种变化规律调节的电阻元件。电位器通常由电阻体和可移动的电刷组成。当电刷沿电阻体移动时，在输出端即获得与位移量成一定关系的电阻值或电压）上电刷的位置，即通过改变其接入电路中的电阻值，可以得到不同的给定电压 U_r 和电枢电压 U_a，从而控制电动机转速 ω。结合图 2-3 来分析这一过程可知：当负载转矩不变时，给定电压 U_r 会与电动机转速 ω 呈正相关。因此，我们可以通过改变电位器接入电路的电阻值来改变给定电压 U_r 和电枢电压 U_a，从而达到控制电动机转速 ω 的目的。在此过程中，一旦出现扰动信号，如负载转矩增加（减少），电动机转速会随之降低（增加），从而偏离给定值。要想保持电动机转速 ω 不变，工作人员需要校正精度，即调节电位器电刷的位置，以提高（降低）给定电压 U_r，从而使电动机转速 ω 恢复到一开始设定的给定值。

总的来说，开环控制方式的特点是电路中只能单向传递控制作用，即其作用路径不是闭合的。这一特点可以通过图2-3看出，图中的控制信息只能由左至右，从输入端沿箭头方向传向输出端。正因如此，在开环控制系统中，给定一个输入量就会产生一个相对应的被控量，其控制精度完全取决于信息传递过程中电路元件性能的优劣和工作人员校正精度的高低。此外，根据开环控制方式的特点可知，开环控制系统不具备自动修正被控量偏差的能力，因而其抗干扰能力差。但是，由于开环控制方式具备结构简单、调整方便、成本低等优势，其被广泛应用于社会各个领域，如自动售货机、产品自动生产线及交通指挥红绿灯转换等。

（二）闭环控制

控制装置与被控对象之间既有顺向作用，又有反向联系的控制方式就是闭环控制，其对应的控制系统就是闭环控制系统。为了便于读者理解，下面仍以电动机转速控制系统为例来阐述闭环控制方式，电动机转速闭环控制系统简图如图2-4所示。

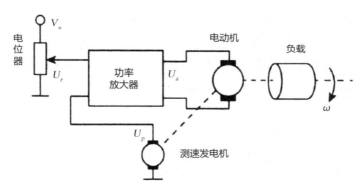

图2-4　电动机转速闭环控制系统简图

注：图中电动机是直流电动机，其作用是以一定的转速转动，从而带动负载。

由图2-4可知，这一系统是在图2-2的基础上，增加了一个由测速发电机构成的反馈回路，以此检测最终输出的转速，同时给出与转速成正比的反馈电压。代表实际输出转速的反馈电压与代表希望输出转速的给定电压相减可以得出一个差值，即偏差信号。这是实现转速控制作用的基础，这一过程的作用原理被称为"偏差控制"。由此可见，除非偏差不存在，否则控制作用会一直存在。而闭环控制系统的目的就是减小这一偏差，从而提高控制系统的控制精度。

由图2-5可知，闭环控制系统实现转速自动调节的过程为：当系统受到扰动影响导致负载增大时，电动机转速 ω 会降低，测速发电机端的电压就会减小，且在给定电压 U_r 不变时，偏差电压 U_a 会增加，则电动机的电枢电压 U_a 会上升，从而导致电动机转速 ω 增加；当系统受到扰动影响导致负载减小时，电动机转速调节的过程则与上述过程变化相反，最终导致电动机转速 ω 降低。根据以上调节过程可知，闭环控制系统抑制了负载扰动对电动机转速 ω 的影响。同样，对其他扰动因素，只要影响电动机转速 ω 的变化，上述调节过程会自动进行调节，从而提高了该系统的抗干扰能力。

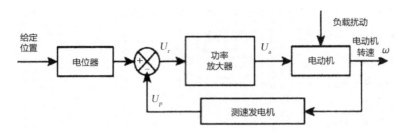

图 2 – 5 电动机转速闭环控制系统方框图

总的来说，闭环控制方式的特点是由系统的偏差信号而非给定电压来实现对系统被控量的控制，而系统被控量的反馈信息又反过来影响这一偏差信号，使整个电路形成闭环，从而实现自动控制的目的。此外，根据闭环控制方式的特点可知，闭环控制系统具备自动修复被控量偏差的能力，因而其抗干扰能力强。但是，由于闭环控制方式使用的元件较多、线路较复杂，对安装调试的场所和人员的要求较高，其常用于对设施条件要求较高的场所。

（三）复合控制

复合控制方式将开环控制方式与闭环控制方式合理结合，不仅具有更广泛的应用性、适应性和经济性，而且根据复合控制方式组成的复合控制系统具备更强的综合性。复合控制系统实际是在闭环控制系统的基础上，增加了一个由输入信号构成的顺馈通路，以实现对该信号的加强或补偿，从而达到提高系统控制精度和抗干扰能力的目的。需要强调的是，这一新增的顺馈通路是以开环控制方式实现的，因而对系统中各电子元件的稳定性有较高的要求。若电子元件的稳定性不能达到其要求，则会降低其补偿效果。总的来说，复合控制方式由于既具备开环控制方式的优点，又具备闭环控制方式的优点，被广泛应用于各个领域。

为了便于读者应用或借鉴，展示四种常见的输入信号（图 2 – 6）。

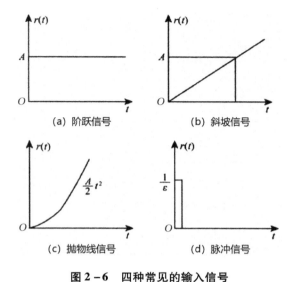

图 2 - 6　四种常见的输入信号

第三节　自动控制系统的分类

一、按给定信号的特征分类

按给定信号的特征来对自动控制系统进行分类是一种常见的分类方法。输入信号的变化会遵循一定的规则，依据这些规则可以将自动控制系统分成以下三类：

（一）恒值控制系统

恒值控制系统是自动调节系统的别称，之所以称其为"恒值"，是因为此类系统的输入信号是一个常数。当输入信号受到干扰时，可能会导致系统的数值发生微小的改变，从而产生差错，而应用恒值控制系统可以自动对输入信号进行调控操作，使数值精确地恢复到期望值。如果由于结构不能完全恢复到期望值时，则误差应不超过规定的允许范围。例如，锅炉液位控制系统就是一种恒值控制系统，其方框图如图 2 - 7 所示。

（二）程序控制系统

程序控制系统会预先设置一个时间函数，其输入信号会随着已知的时间函数而变化。换言之，程序控制系统的设定值会按预先设定的程序发生变化。总的来说，这类

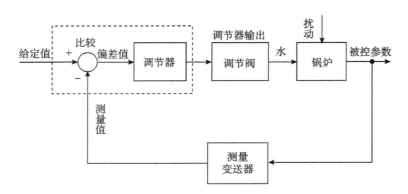

图 2-7　锅炉液位控制系统方框图

系统普遍应用于间歇生产过程，如进行热处理温度调控时的升温、降温、保温等，都是根据预先设定的程序进行调控。加热炉温度控制系统方框图如图 2-8 所示。

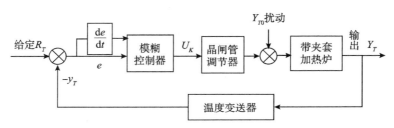

图 2-8　加热炉温度控制系统方框图

（三）随动系统

随动系统又称"伺服系统"。伺服就是输入信号是时间的未知函数，即随时间随意改变的函数。随动系统的任务是使数值高精度随给定数值的变化而变化，而且使其不受其他因素的干扰。简而言之，随动系统是使物体的位置、方位、状态等输出被控量能够随输入目标（或给定值）的任意变化而变化的自动控制系统。总的来说，随动系统多应用于自动化武器方面，如导弹的制导作用及炮瞄雷达的自行追踪系统，还应用在数控切割机、船舶随动舵，以及仪表工业中的各种自动记录设备等领域。

二、按信号传递的连续性分类

（一）连续系统

连续系统中各元件的输入信号和输出信号都是时间的连续函数，其运动规律需要借助微分方程来描述。连续信号是时间的连续函数，可以分为两种：一种是模拟信号，即时间和幅度都连续的信号（图2-9），呈现为一段光滑的曲线；另一种是幅度量化信号，即时间连续且幅度量化的信号（图2-10），呈现为一段阶跃或阶梯形的曲线。

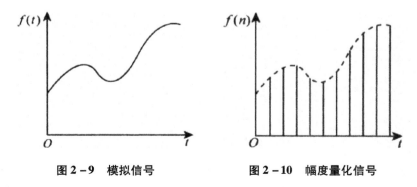

图2-9 模拟信号　　　　　　图2-10 幅度量化信号

连续系统中各元件传输的信息在工程上称为模拟量，实际生活中，大多数物理系统都属于连续系统。

（二）离散系统

只要控制系统中有一处信号是脉冲序列或数码信号，该系统就为离散系统。离散系统的状态和性能一般用差分方程来描述。离散信号是时间量化或离散化的信号，可以分为两种：一种是采样信号，即时间离散而幅度连续的信号（图2-11），其代表信息的特征量可以在任意瞬间呈现为任意数值的信号，同时其信号的幅度、频率和相位会随时间做连续变化；另一种是数字信号，即时间和幅度都量化的信号（图2-12）。

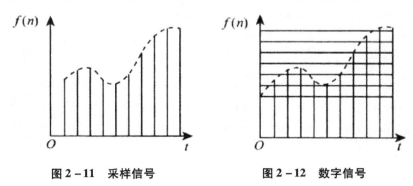

图2-11 采样信号　　　　　　图2-12 数字信号

在实际的电气自动化控制系统中，离散信号并不多见，连续信号更为普遍。为了便于统计和计算，人们通常会将连续信号离散化，即使用差分方程将连续的模拟量分为脉冲序列，这就是采样过程，而完成这一过程的系统就是离散系统，如数字控制系统。为了便于读者理解和应用，下面以数字控制系统为例，简要介绍采样过程。数字控制系统的采样过程如图2-13所示。

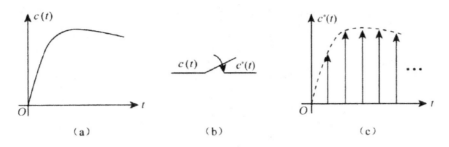

图 2 – 13　数字控制系统的采样过程

数字控制系统的运行流程：A/D 转换器将连续信号转换成数字信号，经数字控制器处理后生成离散控制信号，再通过 D/A 转换器转换成连续控制信号作用于被控对象。其中，A/D 转换器是把连续的模拟信号转换为离散的数字信号的装置；D/A 转换器是把离散的数字信号转换为连续的模拟信号的装置。

三、按输入与输出信号的数量分类

（一）单变量系统

单变量系统是在不考虑系统内部的通路与结构，仅从系统外部变量的描述分类时，有一个输入量和一个输出量的系统。也就是说，单变量系统中给定的输入量是单一的，响应也是单一的。但是，此类系统内部的结构回路可以是多回路的，内部变量也可以是多种形式的。

（二）多变量系统

多变量系统有多个输入量和多个输出量，其特点是变量多、回路多，而且相互之间呈现多路耦合，因而其研究难度比单变量系统的研究难度要高得多。多变量系统方框图如图 2 – 14 所示。

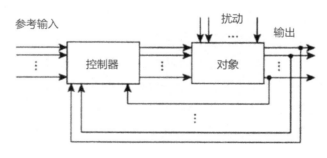

图 2 –14　多变量系统方框图

第四节 自动控制系统的典型应用

一、蒸汽机转速自动控制系统

蒸汽机转速自动控制系统的功能框图如图 2-15 所示，其工作原理如下。

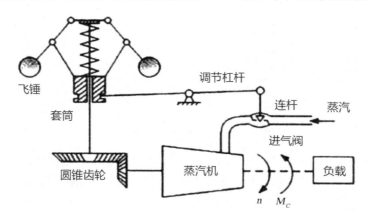

图 2-15 蒸汽机转速自动控制系统的功能框图

蒸汽机带动负载运转时，会使用圆锥齿轮带起一个飞锤进行水平旋转。飞锤通过铰链可引起套筒上下滑动，套筒里安装了用于保持平衡的弹簧，套筒上下滑动时会带动杠杆，杠杆另一端通过连杆调整供气阀门的打开程度。当蒸汽机正常使用时，飞锤旋转所产生的离心力与弹簧的反弹力度持平，套筒会停留在某一高度，此时阀门呈现恒定状态。

如果蒸汽机的负载增加致使转速 ω 减慢，那么飞锤的离心力会变小，致使套筒向下滑，并且通过杠杆原理使进气阀开度更大。这样一来，蒸汽机内会产生较多的蒸汽，推动转速 ω 加速。同理，如果蒸汽机的负载变小致使转速 ω 提速，那么飞锤的离心力会加大，致使套筒向上滑，并且通过杠杆原理使进气阀开度变小。这样一来，蒸汽机内的蒸汽量会缩减，其转速 ω 自然会下降。

综上所述，蒸汽机转速自动控制系统的被控制对象是蒸汽机，被控量是蒸汽机的转速 ω。

二、电压调节系统

电压调节系统原理图如图 2 - 16 所示。

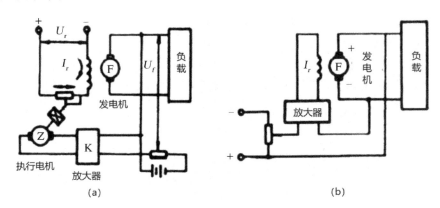

图 2 - 16　电压调节系统原理图

在图 2 - 16（a）中，当 U_f 低于给定电压 U_r 时，其偏差电压经放大器 K 放大后，会驱动电机 Z 转动，经减速器带动电刷运动，发电机 F 的激磁电流 I_r 增大，发电机的输出电压 U_f 会升高，从而使偏差电压减小，直至偏差电压为 0 时，电机才停止转动。由此可见，在图 2 - 16（a）的系统中，稳态电压能保持 110 V 不变。

在图 2 - 16（b）中，当 U_f 低于给定电压 U_r 时，其偏差电压经放大器 K 后，会使发电机激磁电流增大，从而提高发电机的端电压，使发电机 F 的端电压回升，偏差电压减小。但是，即使偏差电压小，也不可能等于 0，因为当偏差电压为 0 时，$I_r = 0$，这意味着发电机无法工作。由此可见，在图 2 - 16（b）的系统中，稳态电压会低于 110 V。

三、水温控制系统

水温控制系统原理图如图 2 - 17 所示。冷水在热交换器中由通入的蒸汽加热，从而使水温上升，变为热水。在此过程中，冷水流量的变化用流量计来测量。下面简要阐述水温控制系统是如何保持水温恒定的。

由图 2 - 17 可知，水温控制系统的工作原理如下。由温度控制器不断测量热交换器出口处的实际水温，并在温度控制器中将实测温度与给定温度比较。若实测温度低于给定温度，其偏差值会使蒸汽阀门开大，进入热交换器的蒸汽量就会增多，从而使水温升高，直至偏差为 0；若实测温度高于给定温度，其偏差值会使蒸汽阀门关小，进入热交换器的蒸汽量就会减少，从而使水温降低，直至偏差为 0。如果冷水流量突然加

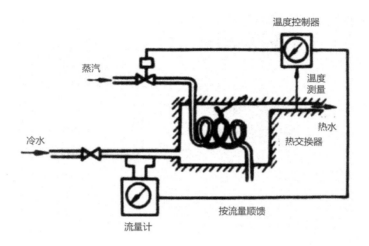

图 2-17 水温控制系统原理图

大，其流量值由流量计测得，水温控制系统会通过温度控制器开大阀门，以增加蒸汽量，实现冷水流量的顺馈补偿，从而保证热交换器出口的水温不会发生大的波动，即控制水温恒定。

整体来看，在水温控制系统中，热交换器是被控对象；实际水温为被控量；给定值是在温度控制器中设定的给定温度；冷水流量是干扰量。

四、刀具跟随系统

在现代社会中，工厂加工设备基本实现了自动化运行。以刀具生产线为例，其生产过程几乎全部为机器自动化生产，大大减轻了工人的工作量，提升了工厂的生产率。之所以能够实现刀具的自动化生产，是因为刀具生产线特别是刀头生产线安装了刀具跟随系统。下面简要介绍刀具跟随系统的工作流程。刀具跟随系统原理图如图 2-18 所示。

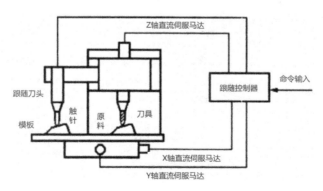

图 2-18 刀具跟随系统原理图

由图 2-18 可知，刀具跟随系统的工作原理为：首先，将模板和原料放在工作台上，并将其固定好；其次，跟随控制器会下达命令，使 X 轴、Y 轴直流伺服马达带动工作台运转，而模板会随着工作台一同移动，在这一过程中，触针会在模板表面滑动，同时跟随刀具中的位移传感器会将触针感应到的反映模板表面形状的位移信号发送给跟随控制器；最后，跟随控制器的输出驱动——Z 轴直流伺服马达会带动刀具连同刀具架跟随触针运动，而当刀具位置与触针位置一致时，两者位置偏差为 0，Z 轴直流伺服马达就会停止，最终原料被切割为模板的形状。

整体来看，在刀具跟随系统中，刀具是被控对象；刀具位置是被控量；由模板确定的触针位置是给定值。

五、谷物湿度控制系统

"民以食为天"，人类的生存离不开粮食。在现代社会中，机器生产已经替代了传统的手工生产，形成了较稳定的谷物磨粉生产线。以北方人民常吃的小麦为例，小麦先被磨成面粉，再经过精加工，就成为人们食用的普通面粉了。其中，关系面粉质量的最为关键的一个环节就是给小麦添加一定的水，使其保持一定的湿度，从而使同等质量的小麦产生更多的面粉，且提高面粉的质量。这一过程中就需要用到谷物湿度控制系统。实际上，谷物湿度控制系统是一个按干扰补偿的复合控制系统，其原理图如图 2-19 所示。

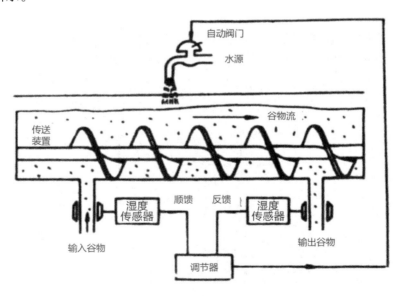

图 2-19　谷物湿度控制系统原理图

由图 2-19 可知，谷物湿度控制系统的工作原理如下。传送装置将谷物按一定流量通过加水点，加水量由自动阀门进行控制。若输入湿度低于给定湿度，两者存在的偏差值会通过调节器调大阀门，使得传送装置上的谷物接受更多的水分，从而提高谷物湿度，直至偏差为 0；若输入湿度高于给定湿度，两者存在的偏差值会通过调节器关小阀门，使得传送装置上的谷物不再接受更多的水分，从而降低谷物湿度，直至偏差为 0。为了提高控制的精准度，谷物湿度控制系统还采用了谷物湿度的顺馈控制。这样一来，输出谷物湿度会通过湿度传感器反馈到调节器处，谷物湿度控制系统会通过调节阀门来控制水量，实现谷物湿度的顺馈补偿，从而控制谷物维持一定的湿度。

　　整体来看，在谷物湿度控制系统中，传送装置是被控对象；输出谷物湿度是被控量；给定谷物湿度是给定值；谷物流量、加水前的谷物湿度及水压都是干扰量。

第五节　自动控制系统的校正

　　在农业、工业、国防和交通运输等领域，通常都会应用自动控制系统。自动控制系统的运行不需要操控者参与其中，只需要相关人员对一些机器设备安装控制装置，使其能够自动调控生产过程、目标要求、工艺参数，并依照预先设定的程序完成任务指标即可。实际上，产品的质量、成本、产量、预期计划、劳动条件等任务的预期完成都离不开一个精准的自动控制系统。正因如此，人们越发注重自动控制系统的应用，控制技术和控制理论的发展空间变得更加广阔。

一、自动控制系统开环频率特性的性能分析

（一）低频特性

　　自动控制系统的准确性是自动控制系统在稳态情况下所达到的精准程度。其中，稳态情况是指系统波动微小或者系统处于平静状态。因此，系统低频状况下体现出来的性能就是准确性。然而，在实际的精度评定中，系统的稳态情况并不相同。在衡量系统的精准程度时，伯德图把 ω 为 1 作为评定标准，按照绘制伯德图的方法可知，自动控制系统总的增益是在 ω 为 1 时。例如，系统被放大 10 倍会得到 20 dB 的增益，系统被放大 100 倍会得到 40 dB 的增益。经过实践表明，放大倍数越大，自动控制系统的精度性就越高。为了能够保障自动控制系统的最低精准度，一般要求 ω 为 1 时的增益要大于 20 dB。一般工业自动控制系统用百分比来表明精度，并且国家标准中对精度进行了等级的划分。

（二）中频特性

自动控制系统的工作频率就是系统开环幅频特性曲线穿过零分贝时的频率，不同的自动控制系统有其固定的工作频率，输入值的变化不会对其造成任何影响。由此可见，测定的系统工作频率具有重要的意义。研究表明，由穿越零分贝时的相对裕量 γ 为 30°~60° 是较为适宜的，此时穿越的斜率为 −20 dB。通过判定这两项指标是否满足就可以确定系统的稳定性能，相对裕量越大则证明其性能越好。

（三）高频特性

自动控制系统的开环幅频特性曲线穿过零分贝以后，其相频特性接近或穿越 180° 时，此时与之相对应的幅频特性值达到 −6 ~ −10 dB，此时自动控制系统较为合理。人们通常认为自动控制系统的频率越快越好，事实却并非如此，这是因为频率还会受到自动控制系统性能的影响。当确定自动控制系统的工作频率后，其快速性也就得到了确定，对系统强制性迅速反应的要求会导致系统的性能劣化，甚至会使系统产生振荡状态。

二、自动控制系统的校正

随着自动控制系统应用范围的扩大，人们对自动控制系统的精准度提出了更高的要求，因此要十分重视自动控制系统的校正。如果自动控制系统的校正没有做好，就无法确保其作用的发挥。基于此，下面将对校正的概念、方式和装置进行介绍。

（一）校正的概念

当性能指针达不到自动调控系统的动态性能或稳态性能的要求时，我们可以对自动控制系统中能够调节的系统参数进行调整。如果调整后的参数还是达不到既定的目标，那么就需要在自动控制系统中增加一些组件和设备。为了达到一定的性能要求而对自动控制系统的结构和性能进行调整的方法就叫作"系统校正"，增加的组件和设备可以称为"校正组件"和"校正设备"。

（二）校正的方式

按照校正装备在自动调控系统中所处的地点进行划分，校正可分为串联校正、反馈校正、顺馈补偿校正三种方式。

1. 串联校正

串联校正就是将校正装置串联在自动调控系统固定部分的前向通道中（图 2−20）。

在串联校正中，为了降低校正装置的功率，使校正装置更为简单，通常将串联校正装置安置在前向通道中功率等级最低的位置。

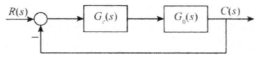

图 2 - 20　串联校正示意

注：$R(s)$ 为给定输入信号；

　　$G_c(s)$ 为校正装置的传递函数；

　　$G_0(s)$ 为系统固有部分的传递函数；

　　$C(s)$ 为输出信号。

2. 反馈校正

反馈校正示意如图 2 - 21 所示。反馈校正的基本原理是未被校正的自动调控系统中有阻碍动态性能优化的环节，反馈校正装置将未校正系统包围，从而形成局部的反馈回路，在局部反馈回路的开环幅值远大于 1 的情况下，局部反馈回路的特征主要由反馈校正装置决定，与包围环节没有关系。为了使自动调控系统的性能满足要求，就要选取合适的反馈校正装备的参数和方式。反馈校正不仅可以取得串联校正所能达到的效果，还具有许多串联校正所不具备的效果。

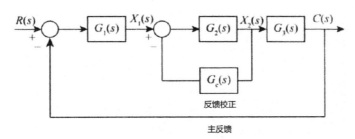

图 2 - 21　反馈校正示意

注：$R(s)$ 为给定输入信号；

　　$G_c(s)$ 为校正装置的传递函数；

　　$G_1(s)$、$G_2(s)$、$G_3(s)$ 为系统固有部分的传递函数；

　　$C(s)$ 为输出信号。

3. 顺馈补偿校正

基于反馈控制而引进输入补偿构成的校正方式叫作顺馈补偿校正，其有以下两种运行方式：一是引进指定的输入信号补偿，二是引进干涉输入信号补偿。给定扰动输入信号 $D(s)$ 和给定输入信号 $R(s)$ 由校正装置直接或者间接给出，经过恰当的转换后，以附加校正信号的方式输入到自动调控系统中，此时系统要对可测干扰进行干扰补偿，从而减少或抵消干扰，提高自动调控系统的调控精确度。

综上所述，串联校正是一种比较直观、实用的校正方式，它能对自动调控系统的性能及结构进行优化，但是其不能消除系统部件参数变化对系统性能的影响。被包围的参数、性能都可以由反馈校正进行改变，反馈校正的这一功能不仅能抑制部件参数变化，而且能减少内、外扰动对系统性能的干扰，有时还可以代替局部环节。顺馈补偿校正是在自动调控系统的反馈控制回路中加入前馈补偿。需要注意的是，只要进行合理的参数选取，就能够使系统平稳运行，使稳态差错出现的次数减少甚至消除差错。但是，顺馈补偿校正要适当，否则会引起振荡。

（三）校正的装置

在自动调控系统中，校正的装置可分为有源校正设备和无源校正设备，划分依据是校正设备自身是否配备电源。

无源校正设备通常是由电阻和电容构成的端口网络。根据频率的不同，我们可以将其分为相位滞后校正、相位超前校正、相位滞后—超前校正。

无源校正设备的组合非常方便并且线路简易、不需要外接电源，但是该设备自身没有增益，只有缩减；该设备输入阻抗低，输出阻抗较高。因此，使用这一设备时，必须添加放大器或者隔离放大器。

有源校正设备是由运算放大器构成的调节器。由于有源校正设备自身具有增益性，并且输出阻抗低，输入阻抗高，有源校正设备应用范围更广。但是，有源校正设备的不足是必须外接电源。

第三章　电气自动化技术与工业控制网络技术

第一节　计算机控制系统与现场总线技术概述

一、计算机控制系统概述

（一）计算机控制系统的概念

计算机控制系统是计算机技术和通信技术相互渗透的产物，是利用计算机来实现生产过程自动控制的系统。计算机控制系统可以提供信息服务，如情报检索、电子邮政、计算机辅助教育、过程控制、办公室自动化数据、经营管理、收集与交换信息等。目前，计算机控制系统的覆盖区域已经从村庄、城市、地区扩展至整个世界，其从涵盖单一的计算机系统逐步升级到今天的计算机控制系统，这是它进入新的发展阶段的标志。

计算机控制系统是指由计算机主机及其他外部连接设备通过数据通信线路的串联方式所形成的多数量用户系统。集中式网络和分布式网络是计算机的主要连接方式。集中式网络是指通过中央计算机的一台或多台的数据终端相连构成的集中处理系统，它的线路配置有三种，分别为多点线路、多路转接线路及点到点线路。集中式网络有精密的控制系统、综合的数据库系统，具有信息经济效益好、数据可集中处理的优点，但是其操作系统缺乏一定的灵活性。分布式网络是指由多台单独运行的计算机相连构成的分布处理系统，其工作站中的微机或者小型机可以完成大量的负荷处理工作，在必要的情况下才需要服务器系统的帮助，它的配置方式可以分为三种，分别为环形、星形和分层联结。分布式网络具有可即时应答用户查询、网络易于装配、面向多用户、资源共享的优点，但存在维护费用较高、数据不易保密、较难控制等缺点。综上所述，分布式网络可以快速稳定地共享计算机资源、传输数据，可以用于集团性企业和类似多单位的企业，将信息和数据进行分散处理。

（二）计算机控制系统网络化发展的三个阶段

随着计算机技术、网络技术和电子技术的快速发展，计算机控制系统历经了由基地式气动仪表控制系统、电动单元组合式模拟仪表控制系统、集中式数字控制系统、集散控制系统到现在开放嵌入式网络化控制和现场总线控制系统的过程。总的来说，计算机控制系统的发展呈智能化、网络化、分散化的趋势，尤其在仪表监控诊断、家庭智能化和楼宇自动化控制等方面，计算机控制系统的网络化发展趋势较为明显。

虽然集散控制系统和集中式数字控制系统推动了工业生产的进步，但是随着管理要求、控制技术的发展，计算机控制系统正由原来闭塞的集中式系统快速发展为开放的分布式系统。在计算机控制系统向网络化方向转变的同时，由于多种控制技术的发展和控制网络协议的产生，计算机控制系统出现存在多种网络协议和多种网络技术的局面。也就是说，计算机控制系统的网络兼容性和扩展性越好，控制功能就越有效。现在，计算机控制系统网络化发展的显著特点为有差别控制网络的集成化。

企业与不同厂家沟通的信息包括设备信息、管理信息和生产控制信息。信息网络与控制网络的汇集能够实现企业宏观决策和微观控制的一体化，为企业管理决策和生产控制带来新的模式体系。随着计算机控制系统的发展，信息共享和控制信息交流的问题凸显。计算机控制系统发展的初期因为没有先进的技术，所以只能应用于封闭的结构。这与计算机技术发展的初期大同小异。此外，计算机控制系统网络化的发展进程同计算机网络发展进程一样，也有相似的发展特点。计算机控制系统的发展历程也是从集散控制系统开始的，并朝着现场总线控制系统和嵌入式网络化控制系统发展。

1. 集散控制系统

集散控制系统（DCS）针对集中式控制系统风险集中的缺点，将一个控制过程分散成多个子系统，由多台计算机共同完成。①该系统的结构有以下几个特点：①拥有现场级的（MCU、PLC 等）控制单元；②现场设备用电缆与现场级控制单元相连；③传输使用的模拟信号标准为 4~20 mA 的模拟信号；④现场级控制单元与中央处理器（CPU）之间使用 RS-232、RS-485 等非开放协议进行通信。直到现在，集散控制系统大部分由德国西门子股份公司、ABB 集团、美国福克斯波罗公司、美国霍尼韦尔国际公司和美国费希尔公司等研发和生产。

总的来说，集散控制系统拥有了基本的网络化思想，它虽然适合当时的网络和计算机技术的水平，但是在日常应用中存在缺陷。第一，集散控制系统依然是模拟数字混合的系统，模拟信号的传输和转换使系统的精度受到影响。第二，集散控制系统在结构上，并没有突破集中控制模式的缺陷，而是遵循主从式思想的基础。也就是说，只要主机出现故障，集散控制系统的可靠性就无法保障。第三，集散控制系统中使用的专用网络是非开放式网络，这使得每个系统之间不能兼容，不利于提高系统的维护性与可组态灵活性。正是基于以上原因，集散控制系统逐渐被新的计算机控制系统所取代。

2. 现场总线控制系统

现场总线控制系统是一种开放式的分布式控制系统。该系统以标准的开放协议取代了传统的封闭协议，由此改进了集散控制系统使用专用网络的不足；该系统具有数字通信与完全数字计算能力；该系统使用了全分布式的结构设计，其控制功能可以更加适应现场环境，提升了系统的灵活性和可靠性。由此可见，现场总线控制系统比集散控制系统具有更多的优点，具体表现：①采用现场通信网络，使设备间可点对点、点对多点或者使用广播等通信方式传播和交流信息；②通过使用统一的组态和任务进行下载，PID、补偿处理、数字滤波等简单的控制任务可动态下载至现场设备中；③能够节约系统安装维护的资金，表现为减少硬件设备数量和传输线路；④提高了不同厂家设备的互换性和互操作性。

迄今为止，很多现场总线技术出现，如 Profibus、LON 总线、HART、CAN 总线及基金会现场总线等。从其发展现状来看，现场总线控制系统不足的原因主要表现在以下两个方面。第一，虽然不同的现场总线控制系统都使用开放协议，以期使不同厂家的产品能够兼容，但是由于协议内容不统一，不同厂家生产的产品依然不能实现关联。第二，上层管理信息系统和现场的总线通信协议，以及互联网中使用的 TCP/IP 协议之间不能兼容，它们之间也存在协议不能相互转化的矛盾。以上这些因素都增加了管理和控制信息一体化网络实现的难度。同时，在计算机网络的发展过程中，多种局域网协议和多种现场总线技术共同存在，也导致现场总线控制系统需要改进。

3. 嵌入式网络化控制系统

目前，计算机控制系统的目标是使用统一的结构模型和网络协议。TCP/IP 协议是能够跨平台的通信协议，可以便捷地实现异种机相互关联，它促进了互联网和计算机信息网络近年来的飞速发展。与此同时，随着 TCP/IP 协议从信息网络向底层控制网络的渗透与扩张，形成了由控制和信息一体化式分布的全开放式网络，全开放式网络融入了网络、电气自动化技术和计算机，是现代计算机控制系统发展的必然趋势。此外，微型处理器技术和网络技术的不断发展，促使网络的频带不断加宽，微型处理器的结构不断缩小，运算能力不断提升。更高性能的处理器和宽带网的出现增加了 TCP/IP 协议应用于实时测控系统的可能性，促进了开放性的嵌入式网络化控制系统的诞生。例如，家庭智能化领域和测控仪表领域已经拥有了凭借 TCP/IP 协议联网平台相互交流的小型嵌入式设备。

嵌入式网络化控制系统凭借互联网和局域网使遥感和遥控的存在成为可能。这一系统参考了计算机网络技术及软件和硬件应用能力，达到了降低系统成本、提升系统开放性的目标。除系统应用层外，嵌入式网络化控制系统的通信协议也实现了真正的统一，不同协议不能相互转换的问题在这一系统中不复存在。这一系统为信息网络集成和计算机网络发展提供了完美的解决办法。

总的来说，迄今为止，大部分嵌入式网络化控制系统的实时控制功能依然在封闭甚至隔离网段上实现，还没有出现真正意义上的跨网络远程实时控制；过量的电气设备同时连入网络，导致 IP 地址资源不够分配的问题也依然严峻，要想解决这一问题，就要研制 TCP/IP 协议下的微型化软件、提升微型处理器的运算技能、坚持提升网络速度、扩展 IP 资源、在最短时间内将 IPv4 全部更换为 IPv6。

（三）计算机控制系统网络化发展的类型

所有的技术变革都是一个循序渐进的过程。受市场竞争与控制系统自身技术特点的影响，计算机控制系统的网络化发展注定是一个漫长的过程。目前，在控制应用领域中，常见的计算机控制系统网络化发展有以下三种类型。

1. 集散控制系统与现场总线控制系统的集成

为加强产品的竞争力，当前一些集散控制系统通过现场总线技术改进自身技术，由此形成了由集散控制系统与现场总线控制系统混合集成的系统。具体来讲，集散控制系统与现场总线控制系统主要有以下三种集成方式。

（1）现场总线控制系统集成于集散控制系统中的 I/O 设备层中

该方式使用接口卡将现场总线连接到集散控制系统中的 I/O 总线上，以实现集散控制系统与现场总线控制系统的信息映射。这种集成方式的结构简单，较容易实现，但易被接口卡影响而限制其规模的发展。美国费希尔公司的 DeltaV 集散系统就采用了这种集成方式，并研制了专用的接口卡，以将符合标准规定的基金会现场总线应用于该系统中。

（2）集散控制系统和专用网关共同实现现场总线控制系统的集成

在这种集成方式中，专用网关的作用是完成信息的传输与通信协议的转换。该集成方式的优点是可以实现集散控制系统对软件的监控功能，具有一定的系统扩展性；缺点是使用的设备结构相对复杂，当改变设备内部系统总线时，要更新网关设置。

（3）利用局域网将现场总线控制系统集成于集散控制系统中

因为这种集成方式只有在计算机网络的辅助下才能实现集成，需要完成多次转换，降低了系统的实时性，所以在实际的生产过程中，该方式的应用较少。

2. 各种现场总线控制系统之间的集成

在制定国际标准化的现场总线控制系统时，IEC 标准中存在 8 种现场总线标准，因此，在现阶段的现场总线控制系统中，一定会存在多种总线共存的现象。为了保证系统可以执行多种现场总线协议，一定要实现现场总线控制系统的集成工作。这一目的可以通过以下方案实现：①使用特定的网关完成数据的转换。②对协议进行相应修改，以提高现场总线与计算机控制系统的兼容性。③各公司为提高现场总线与计算机控制系统的兼容性，先后研发了一系列现场总线技术的控制系统。

3. 嵌入式网络化控制系统的发展

众所周知，电气自动化控制系统的发展方向是将 TCP/IP 协议的网络控制功能应用于计算机控制系统中，这是计算机网络技术与嵌入式控制系统共同发展的必然结果。

嵌入式网络化控制系统是一种根据成本、体积、可靠性和功能要求，可以直接剪裁硬件、软件的计算机控制系统。它将应用对象作为核心，可以对设备进行直接操作。嵌入式网络控制系统的处理器大致可分为三种：①嵌入式 PC；②8 位和 16 位的嵌入式微控制器；③嵌入式 DSP。

综上所述，强化嵌入式实时多任务操作系统的网络功能，有助于嵌入式网络化控制系统的实现，各种商业的嵌入式实时多任务操作系统都具备随时裁剪 TCP/IP 网络协议的功能，如 Windows Embedded、QN、VRT、VxWorks、PSO 等，都能够对设备进行有效控制。

二、现场总线技术概述

（一）现场总线技术的概念

IEC 61158 是国际电工委员会的现场总线标准，该标准对现场总线的定义为：一种安装在自动控制装置/系统之间的多点、串行、数字化的通信数据总线。IEC 61158 – 2 在现场总线标准第二部分内容中特别提出，现场总线技术应用于控制系统中底层的测量、控制设备。实际上，现场总线技术可以理解为将现场设备连接起来的一种设备，如将驱动控制器、调节器、PLC 与传感器等连接起来并组成现场控制器的网络结构。

总的来说，现场总线技术是一种应用在微机化测量控制设备与生产现场之间，完成多节点的数字化双向串行通信系统，又被称为多点通信型、数字型、开放型的底层控制网络系统；现场总线技术是一种数字化的串行数据通信链路，能有效实现高层次自动化控制领域（车间级设备）与基本控制设备（现场设备）间的关联；现场总线技术是一种可以将控制系统中现场装置有效连接的双向化数字通信网络；现场总线技术是现场数字通信网络中现场仪表与现场设备中控制自动化和过程自动化的集成体现；在自动化控制领域中，现场总线技术特指在生产设备、控制器、现场计算机等设备中相连接的网络体系；现场总线技术是测量控制设备、生产现场间实现全面化测控网络的新型现代化技术，也是自动化控制领域下计算机局域网的集成系统。

（二）应用现场总线技术的意义

现场总线技术的发展和应用，可以帮助企业更方便地将办公信息网络通信与现场级控制网络通信相连接，二者的集成使用对企业设施的改革具有重大意义。现场总线技术与 TCP/IP 信息网络集成，为企业提供一个强有力的控制与通信基础设施。应用现场总线技术的意义有以下几点。

第一，现场总线技术作为一种新型的、作用于工业生产现场的网络层通信技术，它象征着传统通信设备的数字化革命。人们在使用现场总线技术时，可以用一条长度适中的电缆将现场设备与通信接口相连，使数字化通信信号代替 24 V 直流信号、4～20 mA 信号，以实现远程检测设备运行参数、实时监控设备运行状态的功能。

第二，传统的电气自动化控制系统使用了一对一连线的 4～20 mA/24 V 直流信号，其收集的信息数量有限，导致设备较难与系统部件进行信息交流，严重限制了企业综合自动化与企业信息集成的实现；而现场总线技术的应用能够改善这一问题。

第三，应用现场总线技术的电气自动化控制系统使用了新型数字化计算机通信技术，将电气自动化控制系统与新型设备应用于工厂信息网络中，成为企业网络的基础，建立企业与生产现场的消息交流渠道。

第四，现场总线技术在计算机控制系统中的应用是现场级设备的信息作为整个企业信息网的基础，是车间级与现场级信息集成的技术保证。

（三）现场总线技术的优点

现场总线技术具备的互换性、互操作性、可操作性、分散性、开放性、数字化等适应现场环境的特点，决定了其具备以下优点。

1. 减少了连接附件和电缆的使用量

现场总线技术可以仅使用一根电缆就与多台现场设备相连接，大大降低了电缆的使用量；配线板、桥架、槽盒、端子等用于连接的附件的使用量同样降低。

2. I/O 转换器与仪表的使用量大大减少

现场总线技术下的人机界面具备显示设备参数的功能，取代了传统总线技术系统中使用大量的仪表。传统的集中式控制系统中使用 4～20 mA 线路，单次可以获得一个测量参数，并且需要控制站内的 I/O 单元进行一对一连接，因此需要大量进行 I/O 单元转换；而将现场总线技术应用于电气自动控制系统中，单次可以获得多个测量参数，并且能将得出的信息以数字信号的形式在总线电缆中完成传送。由此可见，在电气自动化控制系统中使用现场总线技术，可以有效减少 I/O 转换器的使用量。

3. 节约了调试费、安装费、设计费

现场总线技术可以大大提高设计图纸的效率，节约了设计费；可以大大减少I/O转换器的使用量，简化了工作程序，节约了安装费；根据实际的测试需求，将整个系统分为多个部分进行区别调试，节约了调试费，提高了工作效率。

4. 降低了大量的维护成本

现场总线技术可以有效提高电气自动化控制系统的稳定性，降低其发生故障的概率；现场总线技术具备先进的故障诊断功能，能快速发现、定位并解决电气自动化控制系统中存在的程序问题，延长系统的使用寿命，降低了大量的维护成本。

5. 提高了系统的可靠性

将现场总线技术应用于电气自动化控制系统后，可以使电气自动化控制系统具备现场级设备的记录、报警、故障诊断等功能，能远程搜集设备的使用记录、故障指数、设备参数等大量的数据，从而提高电气自动化控制系统的可维护性。另外，现场总线技术使电气自动化控制系统具备功能与结构的高度分散性，从而提高系统的可靠性。现场总线协议对通信（如重复地址检测、报文纠错、报文检验、通信介质等）有标准化的规定。

6. 提高了系统的控制和测量精度

现场总线技术将模拟量、开关量转换成数字信号，并通过连接的设备传送数字信号，避免传统技术下信号在传输中易发生的变形、衰减问题。可以说，现场总线技术从信号传递方式上提高了系统的控制和测量精度。

7. 具备远程监控的能力

现场总线技术可以实现对现场设备的实时远程监控，可以时刻了解设备的运行状态；现场总线技术能在总控制室实现对现场设备的远程操作，具备远程监控的能力。

8. 具备故障诊断能力

现场总线技术可以将现场设备的运行状态实时反馈至控制室，既节省了人力资源，又能保证设备检查的全面性；现场总线技术可以自行分析设备中的故障问题，及时解决故障；当遇到无法解决的故障时，现场总线技术可以及时切断线路，确保及时止损。由此可见，现场总线技术具备故障诊断能力，这一优点在恶劣的使用环境中体现得更明显。

9. 强化了系统的现场级信息搜集能力

现场总线技术确保了处理器可以从现场设备的实际运行状况中获得大量真实有效的信息，符合计算机控制系统与电气自动化控制系统的综合要求。现场总线技术的实质是通信网络的数字化形式，它除了能代替 4 ~ 20 mA 线路，还能进行设备运行参数、

运行状态、运行故障等信号传输，强化了系统的现场级信息搜集能力。

10. 具备一定的集成性、开放性

如果不同厂家生产的产品使用同一总线作为固定标准，就说明该总线具备一定的集成性。随着全球化进程的深入，相同产业的生产厂家间的恶性竞争减弱，他们乐于分享自身掌握的先进理念和技术，允许竞争对手将自己研发的制作配方、设计的工艺流程、程序中的控制算法等应用于通用的电气自动化控制系统中，现场总线技术具备一定的集成性、开放性。

（四）现场总线控制系统的组成

将现场总线技术应用于电气自动化控制系统中即现场总线控制系统，它可以完成对现场设备的控制、测量。现场总线控制系统同计算机系统相似，同样是由硬件与软件两部分组成的。硬件部分有站点（主站、从站）、节点、装置、总线设备、通信线（又称"总线电缆""通信介质"）；软件部分有组态工具软件（通过计算机调配设备）、控制器编程软件、用户程序软件、设备接口通信软件、设备功能软件、监控组态软件。其中，组态工具软件是使用计算机将网络组态信息与设备配置的基本信息传输至总线设备中应用的软件，现场总线技术将设备配置的基本信息与组态信息根据现场总线协议规范和通信需求进行处理分配，在计算机的帮助下将总线电缆输送至总线设备；控制器编程软件可以为用户提供自行书写程序的平台；用户程序软件是可以根据系统自身的不同工艺需求而改编的 PLC 程序；设备接口通信软件是一种可以依靠现场总线标准的规范/协议，与总线电缆间传递信息的软件；设备功能软件是一种能使总线设备实现自身实际功能的软件；监控组态软件是一种可以时刻反馈现场设备运行数据的监控软件，它具有实时报警、数据分析记录、报表打印等功能。

（五）现场总线控制系统的技术特点

现场总线技术，又称"3C 技术"，即计算机（Computer）、控制（Control）、通信（Communication）的结合产物。现场总线技术是计算机网络技术、自动化仪表技术与过程控制技术的交汇点，是网络技术、信息技术在控制领域中的具体体现，是网络技术、信息技术在现场设备中的技术成果。现场总线技术作为自动化控制领域中的一大发展热点，促进了传统的工业生产的改革，使工业电气自动化技术迈入了新的发展阶段。

现场总线控制系统具有以下六个技术特点。

1. 现场总线控制系统是一种应用于现场的通信网络

现场总线控制系统是一种应用于现场的通信网络，具有以下两种含义：第一，现

场总线控制系统将通信线（总线电缆）延伸至产品制造环节（工业现场），或者直接在工业现场安装总线电缆；第二，因为现场总线控制系统就是为工业制造而设计的，所以现场总线控制系统适用于工业现场。

2. 现场总线控制系统是一种数字化的通信网络

因为现场总线控制系统具备数字信号传输的功能，所以不同层次或同层次的总线设备间都使用数字信号的形式进行通信交流。这主要有以下三层含义：第一，现场设备中的底层控制器、执行器、传感器、变送器间均通过数字信号的形式传输信息；第二，上/中层的控制器监控对计算机等设备时，以数字信号为传播介质；第三，各层次设备统一使用数字信号作为信息交换的工具。

3. 现场总线控制系统是一种开放式的互联网络

第一，现场总线控制系统具有公开的总线标准、规范化的协议，所有制造商必须严格遵守；第二，现场总线控制系统具备一定的开放性，可以完成各层网络的互联工作，也能完成不同层次网络的互联工作，不会受不同厂商接口、标准协议的影响；第三，用户可根据自身需求实现网络资源的共享。

4. 现场总线控制系统是一种可以连接现场设备的网络

现场总线控制系统仅需一根通信线就可以将所有的现场设备（控制器、执行器、变送器和传感器）连接，以实现多个现场设备的互联，进而构成了实现现场设备的互联网络。

5. 现场总线控制系统是一种功能与结构具有高度分散性的系统

现场总线控制系统功能呈高度分散性，是由分散功能模块所决定的。

6. 现场总线控制系统具备一定的互操作性和互换性

（1）互操作性

现场总线控制系统具有连接不同生产厂家现场设备的功能，可以促进它们之间的信息交换与交流。

（2）互换性

不同厂商制造的功能相似的现场设备，可以在现场总线控制系统的作用下互相替换。

第二节 控制网络的基础

一、控制网络概述

信息网络的进步推动了控制网络的发展，控制网络正朝着开放发展的趋势前进。

（一）工业信息化与自动化的层次模型

工业企业的发展目标是提高经济效益，而经济效益的提高要靠生产的自动化和信息化来实现。工业企业的管理组织正逐步朝着"扁平化"管理模式的方向发展。这种模式就是工业自动化和信息化的层次模型，它包括三个层次，分别为自动化层、设备层和信息层。下面将分别介绍不同层次具备的主要功能。

1. 自动化层具备的主要功能

（1）能够使现场总线技术和现场电气设备相连，是一种具有强大功能性的控制主干网。

（2）能够实现高水平的自动化控制技能，如监督控制、优化控制、协调控制等。

2. 设备层具备的主要功能

（1）实现现场设备的数字化、规范化和标准化。

（2）使现场设备更容易实现互相关联且接入。

（3）实现现场设备的基本控制功能。

（4）提供现场总线技术的功能。

3. 信息层具备的主要功能

（1）提供一个以市场经济作为主体的先进企业的管理体系。

（2）设备管理和综合信息管理的功能。

（3）可以为自动化层提供生产指挥、计划调度和科学决策等。

实际上，上述层次模型的划分仅仅是相对的，随着嵌入式控制系统的不断发展，自动化层和设备层逐渐融为一体。在这种情况下，信息化技术应用集成化的趋势日益明显。

（二）控制网络的类型及其关系

按照组网技术来看，控制网络分为两大类，分别为交换式控制网络和共享式控制网络。共享式控制网络结构一般是指现场总线控制网络；交换式控制网络是一种为了增强网络的通信能力而不断发展的网络。无论是交换式控制网络还是共享式控制网络，都可以组建成分布式控制网络。此外，交换式控制网络和共享式控制网络也可以构建成嵌入式控制网络。

（三）分布式控制网络

因为很多厂商在生产电气自动化控制系统时，不愿意提供有效开放平台，所以现在的分布式控制网络具有以下特点。

（1）主从式控制结构增加了电气自动化控制系统的额外的资源开销和复杂性。为了克服主从式控制结构的不足，采用分布式控制网络。

（2）专用控制器作为通信控制器，不具有开放性系统的必要条件。

（3）分布式控制网络中，路由器可以将各种现场总线控制网络相连接，单路由器工作类型不属于物理隔离，因此不能使通道透明，只能在网络中逻辑隔离。此外，分布式控制网络属于集成式网络，仅单个的网络工具便能够在网上的任何地域对其他网上节点进行运作。这种方式使电气自动化控制系统的安装、诊断、维护和检测都更加便利。

（4）控制网络遵循 TCP/IP 协议，以使自身更具开放性。IP 路由器是实现分布式控制网络的重要设备，引起了相关研究人员的重视。

（四）嵌入式控制网络

嵌入式控制网络由嵌入式控制系统、网络接口和分布式网络计算平台构成，下面对此展开介绍。

1. 嵌入式控制系统

嵌入式控制系统是指借助嵌入式控制器从网络接口接入各种各样的网络，其中包括 Internet、局域网（LAN）、广域网（WAN）等，以此组成的拥有先进控制功能和分布式网络信息处理功能的控制网络。嵌入式控制系统的基本作用是实时控制、管理、监视、辅助其他设备的运转，它的组成部分是固化在芯片内的软件、微处理器芯片内的软件及其他部件。

嵌入式控制系统包括的软件结构有实时数据库、应用程序编程接口（API）、应用程序和嵌入式操作系统。与通用型控制系统的 CPU 相比，嵌入式控制系统的 CPU 功能更强大，32 位的嵌入式控制系统的 CPU 种类已经达到了 100 种以上。嵌入式控制系统的 CPU 的工作范围在特定的用户群中，它具有集成度高、体积小、功耗低的特点。这些特点为嵌入式控制系统设计的智能化、小型化提供了便利，使其更利于网络应用。

由于嵌入式控制系统的 CPU 性能强大，支持 TCP/IP 协议，为嵌入式控制器提供了高速处理能力且灵活的扩展方式，使网络扩展和网络互联更加容易实现。嵌入式控制系统在与主干网连接中应用了各种网络，这些主干网具有支持分布式网络计算、实时性好、通信速率高的优点，为组成性能高且性价比高的嵌入式控制系统提供了许多有益的帮助。

在我国，许多企业也研发了嵌入式操作系统。例如，电子科技大学嵌入式实时教研室和科银公司联合研制开发的实时操作系统——Delta OS，其适用于内存要求较大、可靠性要求较高的嵌入式系统，已广泛应用于通信、网络等领域。

2. 网络接口

在网络中接入嵌入式控制系统往往离不开网络接口，32 位的 CPU 作为网络接口的中心，可以实现嵌入式控制系统对网络接口的管控作用。常见的网络接口有 RS – 232C 的串行接口、通信协议转换器接口等。

3. 分布式网络计算平台

分布式网络计算平台是将一系列用计算机网络相连接通信的、独立计算的模式和组件，集成到统一的平台上，从而为用户提供独立计算能力的平台。现在常用的分布式网络计算平台有 Hadoop、Spark 和 Storm。Hadoop 采用 MapReduce 分布式计算框架，根据 GFS 开发了 HDFS 分布式文件系统，根据 BigTable 开发了 HBase 数据存储系统，如雅虎、亚马逊、百度等企业都以 Hadoop 为基础搭建了自己的分布式网络计算平台。Spark 在 Hadoop 的基础上进行了一些架构上的改良，改用内存来存储数据，因此 Spark 可以提供超过 Hadoop 100 倍的运算速度。Storm 在 Hadoop 的基础上提供了实时运算的特性，可以实时处理大数据流，但 Storm 不进行数据的收集和存储，而是直接通过网络实时接收数据并实时处理数据，然后通过网络实时传回结果。

总的来说，Hadoop 常用于离线的、复杂的大数据分析处理，Spark 常用于离线的大数据快速处理，而 Storm 常用于在线的大数据实时处理。

（五）交换式控制网络

交换式控制网络是一种由 ATM 交换机、交换式交换机、交换式集线器等交换设备共同组成的控制网络。下面简要介绍交换式控制网络的特点，以及如何构建交换式控制网络。

1. 交换式控制网络的特点

交换式控制网络相较共享式控制网络技术，具备以下明显的特点。

（1）交换式控制网络具备更快的传输速度，如交换式集成器和以太网交换机的带宽分别为 10 Mbps 和 100 Mbps。交换式控制网络除了有 10 Mbps 的带宽端口，还有 100 Mbps 的带宽端口，可以为用户提供 10/100 Mbps 的自适应端口，以供用户自行选择。例如，ATM交换机规定的最低带宽速度为155 Mbps，规定的最高带宽速度高达622 Mbps。此外，交换式控制网络还能使用网络分段的方式，增加各个端口的有效带宽，有效消除控制网络的拥堵问题。

（2）交换式控制网络的特点是容量大，通常情况下可以同时接入几十甚至上百个设备。

（3）交换式控制网络提供的多端口间通信一般是无堵塞的即时通信，其指令信息能从控制器直接传送至目标设备，标准的以太网交换机或交换式集成器仅存在几十微秒的网络延迟，完全符合实施控制的标准。

（4）交换式控制网络具有长期稳定的工作特点，可以保证控制网络具有一定的可靠性。

2. 交换式控制网络系统的构建

目前，我国已经拥有相对成熟的交换式控制网络。要想构建交换式控制网络系统，可以遵循以下流程。

首先，我国现阶段的交换式控制网络大多使用将交换设备作为核心的星型拓扑结构。随着控制网络规模的扩大，为满足实际的网络需求，企业可以使用分段式的网络结构，以构建规模更大的交换式控制网络系统。

其次，选择合适的交换机。选择交换机时，我们应主要注意以下三个方面的问题。第一，端口密度。电气自动化控制系统要想接入数量较多的设备，必须提升端口密度。但是，增加端口会增加网络负荷，进而影响网络数据传输速度，而且过多的网络端口也会堵塞服务器的链路。第二，端口带宽。系统中接入设备的带宽应适合交换端口的带宽。第三，容错能力。网络控制的关键部件（如存储硬盘、服务器、交换机等设备）最好引入冗余技术和热切换能力。

最后，交换式控制网络系统可以根据不同的应用需求，选择不同的组网方式，如以太网、ATM网络或VPN虚拟专用网络等。

二、网络拓扑

网络拓扑是指存在于网络中各个节点之间的物理或者逻辑上的连接关系。网络拓扑发现就是用来确定这些节点及它们之间的连接关系。网络拓扑发现主要包括两方面的工作：一是节点的发现，包括主机、路由器、交换机、接口和子网等；二是连接关系的发现，包括路由器、交换机及主机之间的连接关系等。网络拓扑发现技术在复杂网络系统的模拟、优化和管理、服务器定位，以及网络拓扑敏感算法的研究等方面都具有不可替代的作用，同时，网络拓扑发现技术面临诸多的机遇和挑战。

现今网络的规模和结构日益庞大复杂，如果想要获得准确完整的拓扑信息，需要投入大量的人力、物力和财力。网络本身没有提供任何专门针对网络拓扑发现的机制，管理人员不得不采用一些比较原始的工具进行网络拓扑发现，从而加大了管理人员的工作难度。同时，网络中的节点经常会发生物理位置和逻辑属性上的变化，各个节点间的连接也经常发生变化，从而导致整个网络的结构时常发生变化；再加上网络协议版本的更新换代及动态路由策略的影响，使得网络拓扑发现的结构永远是过时的拓扑结构。又由于不同的管理机构管辖不同的网络范围，不同网络系统的硬件和软件的类型又有很大的差异，这使得网络本身就具有异构性的特征。出于安全保密等方面的考虑，不同的网络会采取一定的策略来隐藏自己的拓扑信息，这使得网络拓扑发现工作变得更加困难。

三、网络互联

（一）网络互联的概念

20 世纪 70 年代，国际标准化组织（ISO）创建了开放系统互联（OSI）模型，OSI 模型利用分层架构技术将网络通信功用分成 7 层，分别是物理层、应用层、传输层、数据链路层、表示层、网络层和会话层。现阶段，在计算机通信技术中心广泛应用的是 TCP/IP 协议。TCP/IP 协议可分为以下 5 层，即物理层、数据链路层、应用层、网络层和传输层。OSI 模型与 TCP/IP 五层模型中，具备通信功能的层次是对等层，其含义是一方在这一层次的协议是什么，另一方也必须在这一层次使用相同的协议。例如，路由器在 TCP/IP 模型的第三层（网络层）工作，为报文找到准确的途径并实现传输是其主要的作用。

网络互联是指将两个以上的通信网络通过一定的方法，用一种或多种网络通信设备相互连接起来，以构成更大的网络系统。但是，这种流通无法在系统之间得到扩张。超级网络是指将子网看作链路，将网关看作交换节点，子网内的连接点利用互通单元连接在一起。超级网络为了实现网络连接的端－端通信，不仅需要服务于端－端网络，还需要在连接接续路径方面提供协议能力。

如果异型子网形成了超级网络，会导致链路失配，接续路径的协议能力产生不连续点的现象。此外，为了促进通路体系的相互通信，需要运用一部分可行性技术对这种不连续点进行清除，这是网络互联的主要任务。

（二）网络互联体制的类别

1. 逐段互联体制

逐段互联体制，又称"协议变换"制式。逐段互联体制为了促进网间服务功能逐段整合到统一的服务层面，会通过网关转变各子网之间的协议；在此过程中，逐段互联体制不会对接入设备进行修改，只会应用不同子网间的接入机构来提供服务。逐段互联体制会在端–端连接的过程中，将通过的每一子网作为一段，在不同的段上，只使用网络层来实现段上的连接通信。逐段互联体制中向各子网供应服务的公共子集，即最终向端系统供应的服务级别和服务功用，可以利用协议转换实现服务转变的方式或将某种规程加入网络服务机构的方式，对服务子集进行扩展，如子网相关会聚协议（SNDCP）、051/RM 的网络层。显而易见，这将增加互通单元的设计成本和复杂性，需要花费巨大的研发费用。然而，逐段互联体制的整体运作成本费用比较低，其主要原因在于，利用品质级别高的子网时，逐段互联体制可以避免系统中不必要的重传和控制，以减少网络支出和负荷。

2. 端–端互联体制

端–端互联体制，又称"网间协议"制式，它要求两端执行相同的传输协议，以确保两端系统具备相同性质的服务功能，并提供与网络无关的传输服务。端–端互联体制的核心是从子网的接入机构中提取简单的、相同的网络服务性能，如数据报服务，从而使整个网络互联系统提供相同的服务来维持端–端传输服务的一致性。为了完成这部分网间服务功用，需要不同的网关和端系统共同执行统一的"网间协议"，即 IP协议。

端–端互联体制为了对等级低的服务功能进行提取，促进异构网络间的服务品质等级差别，可以利用比较简单的网关，因为这种网关的通路故障少且具备统一性。现阶段的 IP 协议中，只能对数据报的无连接服务进行选择。基于此，端–端互联体制需要利用 TCP/TP 协议来提升服务质量，如完成丢失重传、重复检验、实现排序等。跨越子网链提供服务等级是端–端互联体制的不合理性。这种不合理性表明：品质等级高的网络需要增加对自身的成本和负荷，才可以有效实现网络互联控制。

（三）网络互联体制的选择与比较

选择端–端互联体制还是选择逐段互联体制，是在构建网统互联系统模型的过程中必然会遇到的问题，选择哪种体制决定了系统模型最终会呈现何种形态。比较这两种网络互联体制时，可以在输送品质与可靠性、网关复杂性、运行成本、寻址方法、研制成本等方面进行考虑。下面将通过以上细节总结、归纳两种网络互联体制的优势与劣势。

1. 逐段互联体制

优势：简化了传输控制流程，传输业务的可靠性和品质较高，运作的成本费用较低；可以在子网的品质级别和服务功效方面进行合理运用。

劣势：路由不灵活；寻址需要花费较高的成本；必须进行协议转换与集中服务；网关研发比较复杂，研发成本极高。

2. 端－端互联体制

优势：网关成本低廉，技术简单；拥有独立的路由和全面的寻址；网络的可靠性和稳固性较高；由于大部分网络（如 LAN、PRNFT 等）只能利用无连接方式向网络提供数据，其在数据反馈服务方面有着更加广泛的应用。

劣势：运行和控制不同子网的成本费用高；加大了主机的研发成本和负荷；只能为网络服务提供无连接方式；必须利用端系统的传输来确保传输服务的质量。

（四）网络互联设备

1. 中继器

中继器在 OSI 的第一层（物理层）开展工作，可以对一个网络的两个或多个网段进行连接，是最简单的网络互联设施之一，其两端通常都是网段，而不是子网。中继器的主要作用是完成物理层的功能。为了增加信号传输的距离、扩大网络的覆盖面、促进网络形成远距离通信，中继器需要在两个不同的网络节点的物理层中传输信息，完成信号的放大、复制、调整等行为。中继器不会关注数据信息中的错误数据或不适合网段的数据，只负责将一个网段的数据向另一个网段输送。在生活中，人们常用的中继器是网络中继器、红外中继器、微波中继器、激光中继器等。

中继器由再生电路、均衡放大器、信码的判决和定期提取电路构成，具有均衡放大、定时提取、信码再生、判决手段的功能。均衡放大是指为了对传输线路的损耗和失真信号进行补充，可以均衡放大基带信号的失真和损耗的传输线；定时提取是指为了对定时脉冲进行电路再生和判断，可以在传输的信号中将最终频率数据（时间指针）提取出来；信码再生是指判断时利用时间指针使放大均衡后的信息形成再生信息码，进行进一步传送；判决手段是指判决结果取决于均衡波的品质，因为判决电平主要是均衡波产生浮动时出现的最大值的 1/2，所以在判决数值大于最大值时，判决结果要么是 1，要么是 0。中继器还可以起到扩充局域网的作用，可以有效连接一个局域网中的多个不同网段，但缺少过滤、检错、纠错等功能。中继器与通信方面的线路放大器相似，都可以实现信号输送的功能。

综上所述，中继器是连接网段的媒介。需要注意的是，在不同的网络中接入过多的中继器会出现衰耗、时延等问题，因此必须对中继器的数量加以控制。

2. 网桥

网桥，又称"桥接器"，是两个局域网的转发、存储设备，可以将两个以上的局域网连接成一个逻辑局域网，也可以将一个大局域网分解成多个网段，从而实现局域网中的所有用户访问服务器的目标。

媒体访问控制（MAC）子层和逻辑链路控制子层是网桥在物理层上工作的数据信息链路。大部分网络架构会在 MAC 子层上表现出差异性，特别是局域网。因此，网桥经常应用于局域网的 MAC 子层转变。网桥的功能强大，可以对介质访问、物理寻址提供算法，对数据流量进行控制，有效解决数据传输中的差错。网桥具备的过滤和筛选功用不仅可以优化网络的实际效能，还可以有效阻断没有必要传输的信息内容，优化网络体系的安全性和保密性，从而全方位提升网络的响应频率和数据信息吞吐量。

需要注意的是，网桥的性能会因为局域网用户数、工作站数、通信量的增加而逐渐降低。这个状况是所有局域网中都存在的现象，尤其是运用 IEEE 801、CSMA/CD 访问的局域网表现得更为明显。因此，在局域网环境下，可以利用网桥隔断网段之间的流量，降低网络的通信量和用户数量，对网络进行分段。利用网桥划分网段，既可以减少每个局域网段上的通信量，也能够确保网段间的通信量小于每个网段内部的通信量。

3. 路由器

路由器主要在 OSI 的第三层（网络层）开展工作。路由器与交换机和集线器存在显著的不同，其可以利用 IP 协议寻址，并传输数据包。路由器是一种可以连接不同网段或网络的网络设施，能将不同网络和网段之间的数据信息进行转换，促进网络设施间的数据传输。

路由器处于网络层不仅可以在逻辑意义上将互联网络分成单独的网络单位，使网络拥有逻辑架构，还可以跨越不同种类的物理网络，如以太网、DDN、FDDI 等，使得路由器在互联网络中占据着核心位置。

路由器的主要工作任务是为通过路由器的数据帧找到最佳的输送途径，使数据快速有效到达目的地。路由器的基础功能是将数据信息传送到目的网络中，具体包含以下内容。①转发 IP 数据报，包含数据报的寻径和传送；②隔断子网，控制广播风暴；③维护路由表，并与其他路由器互换路由信息内容，这是 IP 报转发的基础；④对 IP 数据报进行简单的拥塞控制和差错处理；⑤实现对 IP 数据报的记账和过滤。

因为网络层的主要工作是为网络通信提供路由选择、屏蔽网络差异、提供透明传输、拥塞控制等，所以路由器具备较高的网络互联功能，如网终管理、控制流量、控制网络、数据转发、路径选取等功能。其中，路径选取是指通过考虑拥塞程度、距离、流量、成本费用等要素，选取最佳的输送途径；网络管理是指路由器不仅可以连接不同的网络汇集部位，促进网络间的信息流通，还可以通过路由器对网络设备工作、网络信息流动进行监控，管理设备和信息；数据转发是指通过网络，数据分组输送的工作得到实现；控制流量是指路由器既需要拥有缓冲功能，还需要掌控双方的数据流量信息，以此促使二者更加相配。

与路由器相连的物理网络既可以是异类网，也可以是同类网。这是因为绝大多数的路由器都可以实行不同协议间的数据输送，如对于 LAN – WAN – LAN、LAN – WAN、WAN – WAN、LAN – LAN 等的信息输送都可以快速高效完成。

4. 网关

网关，又称"网间连接器""信关"，在网络层以上实现互联，是复杂的网络互联设备，仅用于两个高层协议不同的网络互连。网络的不同节点间存在不同的 IP 地址网络标记码时，需要实行间接路由选取方式；IP 数据报最终展示在接受者的目的主机前，会在途中通过网关抵达目的地，而同属于相同网络的不同计算机节点，它们的 IP 地址中拥有一致的网络标记码，这样就可以在 IP 数据报由发送者向接收者输送时，实行直接路由选取。由于直接路由选取不会通过网关，为使数据报成功抵达接收节点，需要利用网关连接不同的网络，通过首尾相连的网关输送通信数据报。

为了实现不同网络间的数据接收，各网络协议必须严格规范转换标准。一部分不采用 TCP/IP 协议的网络，如 BITNET 等，连接因特网的过程中，需要网关既具备网络转换协议的功能，又具备路由器功能。因此，人们目前普遍将网关看作路由选取和各网络间转换协议的专属的网络通信设备。一部分网络生产工厂设计出专属网关，从而完成网络协议的转换和计算路由的选取。

为了实现反映设备的网络地址体制、组装与分割数据分组、转换协议、控制网络等方面的功能，网关必须在不同网络互联，从而形成更大的网络。

第三节　CAN 总线

一、CAN 总线的特点

因为 CAN 总线具备设计特殊、性能高、可靠性高的特征，所以不只是汽车行业，医疗器械、机器人、感应器、纺织设备、机械工业、数控机床、农用设备等领域都应用 CAN 总线。CAN 总线是一种多主总线，可主要利用光导纤维或双绞线同轴电缆实现通信。CAN 总线接口集中了数据层与物理层的功能，可以完美处理通信数据的成帧，其中包含优先级判别、位填充、循环冗余检验、数据块编码等工作任务。

除此之外，CAN 总线采用了多主竞争总线式构造，可以进行广播通信、多主站运行、分别仲裁的串行总线等。CAN 总线可以在不分主次线的情况下在任意时间通过网络向其余节点传输信息内容，进而在不同节点间完成自主通信。CAN 总线十分适用于分布式检测体系的数据通信方面，它既拥有被国际标准化组织认可的能力和成熟的技术，又因为其控制芯片已经商品化而拥有较高的性价比。

CAN 总线相比普通的通信总线具备显著的灵活性、可靠性和实时性，它隶属于串行总线通信网络，运用了众多特殊的设计和新型技术。综上所述，CAN 总线的特征可以概括为以下几个方面。

（1）CAN 总线可以不分主次线的情况下，使任意节点在任意时间向其他的网络节点输送数据信息，属于多主式工作，具备灵活的通信手段，不需要站地址等节点数据信息内容。同时，CAN 总线可以借助这一特征形成多机备份系统。

（2）CAN 总线可以将节点信息内容分为不同级别的优先级，以满足不同的实际需求。优先级高的数据信息输送时，可以在 134 μs 内完成。

（3）CAN 总线应用了非破坏性总线仲裁原则，使得不同级别的节点信息在同一时间传输信息给 CAN 总线时，优先级低的节点应主动暂停，优先级高的节点应优先向 CAN 总线输送数据信息。这样一来，即使网络负载过重，CAN 总线也不易产生网络瘫痪的故障。

（4）CAN 总线不需要实行特殊的"调度"，可以通过验收滤波来实现全面广播、点对点、一点对多点等手段，完成接收或发送数据。

（5）CAN 总线的通信频率最高可达 1 Mbps，通信距离可达 40 km；直线通信距离最长可以在频率为 1 kbps 以下时达到 10 km。

（6）总线驱动电路决定 CAN 总线的节点数量可高达 110 个，报文标记符 2032 种。

（7）CAN 总线具备显著的检验错误的功能，主要运用短帧构造，抗干扰性强，数据传送时间较短。

（8）CAN 总线的帧信息具备 CRC 校验及其他验错措施，可以降低数据传送的错误率。

（9）为了避免总线其余节点的实际操作受到影响，CAN 总线中的节点具备自动关闭传送的功能，会在出现严重错误的状况下自动关闭。

二、CAN 总线的报文格式

CAN 采用串行通信方式，必须解决发送器和接收器的同步问题。由于 CAN 没有专用的时钟线，同步信息只能包含在传输的数据中，采用位填充规则实现跳变。而报文的比特流采用不归零编码，即在完整的位时间里，位电平为"显性"或"隐性"。

总的来说，CAN 总线上的信息会以不同的固定报文格式发送。根据 CAN 通信协议的规定，CAN 总线共有四种报文格式，具体内容如下。

第一，数据帧。数据帧的作用是将数据从发送器传输到接收器。

第二，远程帧。远程帧由总线单元发出，其作用是请求发送具有相同标识符的数据帧。

第三，错误帧。任何单元检测到 CAN 总线上存在错误就会发出错误帧。

第四，过载帧。过载帧常用于相邻数据帧或远程帧之间提供附加的延时。

此外，根据 CAN 总线标准可知，构成一帧的帧起始、仲裁域、控制域、数据域和 CRC 序列均通过位填充规则进行编码。当发送器在被发送的位流中检测到连续 5 位的相同数值时，将自动在实际的发送位流中插入一个补码位。其中，数据帧或远程帧的其余位域（CRC 界定符、应答域和帧结尾）格式固定，没有填充；错误帧和过载帧的格式也固定，但它们不用位填充的方法编码。为了便于读者理解并应用，下面简要介绍这四种报文格式的结构。

（一）数据帧

1. 帧起始

帧起始是数据帧或远程帧的开始，它由一个"显性"位组成。只有总线处于空闲状态时，帧起始才允许被发送。

2. 仲裁域

发送报文的格式不同，仲裁域的格式也略有不同。当发送报文的格式是标准帧时，仲裁域由 11 个识别位（ID）和一个远程发送请求位（RTR）组成；当发送报文的格式是扩展帧时，仲裁域由 11 位基本 ID 和 18 个扩展 ID 组成。

3. 控制域

控制域由 6 个位组成，具体包括 1 个识别扩展位（该位为"显性"状态时是标准帧）、1 个零保留位（"显性"位）和 4 位数据长度码。控制域所允许的数据长度值为 0 ~ 8，且其保留位必须以"显性"位发送，但其接收节点允许为"显性"位和"隐性"位的所有组合。

4. 数据域

数据域由数据帧中被发送的数据构成，其由 0 ~ 8 个字节组成，每个字节包括 8 个位。

5. CRC 域

CRC 域包括 CRC 序列与 CRC 界定符。CRC 序列是循环冗余码求得的帧检查序列，最适用于位数低于 127 位的帧。CRC 序列之后是 CRC 界定符，它包含一个单独的"隐性"位。

6. 应答域

应答域的长度为 2 个位，由应答间隙（ACK 间隙）和应答界定符（ACK 界定符）组成。在应答域中，发送器会发送 2 个"隐性"位，而只有正确接收到有效报文的接收器，才会通过在应答间隙内把"显性"位写入发送器的"隐性"位的方式来报告给发送器。这样一来，接收报文的站可以利用主控电平覆盖"隐性"电平，从而确保所有接收站中至少有一个站能够接收准确无误的报文。

7. 帧结尾

帧结尾位于报文的结尾处，由 7 个"隐性"位组成，报文中间由较短的间隔位连接。如果没有站要求总线存取，此时总线会处于空闲状态。

（二）远程帧

通过发送一个远程帧的方式，接收节点可以请求某一节点把数据发送给自己。具体而言，远程帧与数据帧的组成结构很相似，远程帧除了没有数据域，其他 6 个位（帧起始、仲裁域、控制域、CRC 域、应答域和帧结尾）都包括在内。远程帧没有数据域是因为其 RTR 位是"隐性"位，表示数据长度代码的数值没有意义。

（三）错误帧

错误帧由错误标志和错误界定符两部分组成。错误标志可以分为活动错误标志和认可错误标志两种。其中，活动错误标志由 6 个连续的"显性"位组成；而认可错误标志则由 6 个连续的"隐性"位组成。错误界定符包括 8 个"隐性"位。

（四）过载帧

过载帧用于提供当前的和后续的数据帧的附加延迟，具体包括过载标志和过载界定符两部分。过载标志由 6 个"显性"位组成，其全部形式与活动错误标志形式一致。过载标志破坏了间歇场的固定格式，因而其他所有节点都将检测到一个过载条件，并且由它们的部件开始发送过载标志。过载界定符由 8 个"隐性"位组成，过载界定符与错误界定符具有相同的形式。发送过载标志后，节点会一直监视总线，直至检测到由"显性"位到"隐性"位的变化。此时，总线上的每个节点均完成了发送其过载标志，并且所有节点一致开始发送其余 7 个"隐性"位。

三、CAN 总线的关键技术——位仲裁技术

因为在处理数据信息时，需要进行实时、迅速的数据传输，所以数据的物理输送速度必须较高。对此，位仲裁技术可以迅速实行总线分配，完成几个站同时传输数据的情况，还可以利用网络交换，对重要数据进行实时处理，具有显著的优势。此外，在物理量迅速变化的过程中，位仲裁技术可以将变化速度慢的物理量运用较短的延时重复传输数据信息。

CAN 总线传输数据信息时以报文作为主要单位，虽然报文的二进制数标记符低，但是其具备高优先级，主要在 11 位标记符中体现，系统设计时确定这种优先级后便不可以随意改变。在此过程中，位仲裁技术可以处理 CAN 总线读取过程中产生的冲突。例如，在同一时间有几个站向总线传输报文，站 3 的报文标记符是 0100111，站 1 的报文标记符是 011111，站 2 的报文标记符是 0100110。三个站的标记符中都拥有相同的前两位 01，一直到比较第 3 位时，因为站 1 报文的第 3 位高于其他两站报文的第 3 位，所以需要丢弃站 1 的报文。再继续比较站 3 和站 2 的报文，虽然站 3 和站 2 报文的第 4 位、第 5 位、第 6 位相同，但站 3 报文的第 7 位较高，因此需要丢弃站 3 的报文。需要注重的是，为了获取总线读取站的报文，需要不断跟踪总线的信号。此外，在确定传输网络中某个站的报文前，该报文的起始部位已经发送至网络，这是非破坏性位仲裁技术的优势。此时，没有获取总线读取权的站不会在总线再次空闲前对报文进行传输。在网络负载过重的情况下，由于站的请求已经被总线的优先级按序放置在报文中，使得位仲裁技术具备显著的优势。

总的来说，CAN 总线的控制方式是非集中总线控制，为了确保主站的可靠性，需要所有的通信在系统内分散完成，其中包含总线许可控制。实际上，位仲裁技术是目前唯一可以保障通信系统的可靠性的方式。

四、CAN 总线的应用优势

在实际操作过程中，分配总线的手段主要有按需分配和通过时间表分配两种。在通过时间表分配总线的方式中，不论节点是否申请总线，都应该按照最大期间分配节点。因此，这种分配方式对存取总线或在特殊时间存取总线具有一定的影响，促使总线向不同的站点分配，而不是只分配给一个站。在按需分配的方式中，总线需要通过传输数据的方式对某个站进行分配，即按站进行传送分配。因此，不同的站在同一时间向总线要求存取时，总线会中断全部站的要求，不会向任何一个站实行总线分配，但是如果多一个总线，就可以促进总线分配任务的开展。

　　CAN 总线可以确切保障任何站要求总线存取过程中的总线分配任务。与以太网仲裁不同，CAN 总线的位仲裁技术可以有效解决两站同时请求的问题，以确保总线不会在需要传输重要信息的过程时被占用。在总线负荷过重的情况下，CAN 总线将消息内容作为优先的总线存取也被证明是科学合理的体系。尽管 CAN 总线也存在传输能力不足的问题，但是所有未解决的传输请求已经按照主次顺序有效做出了相应处理。换言之，在 CAN 总线中，必定不会发生系统过载瘫痪的现象。下面具体介绍 CAN 总线的应用优势。

（一）信息共享

　　应用 CAN 总线可以实现 ECU 间的数据信息共享，有效减少系统中没有必要存在的感应器和线束。例如，其他电气系统可以共享具备 CAN 总线的电喷发动机提供的油量瞬时流速、转速、机油温度、水温、机油压力等数据，使系统既可以不安装油温感应器、水温感应器、油压感应器等设备，还可以通过仪表盘直接观察数据信息，以此达到实时监控发动机运转情况的目的。

（二）减少线束

　　传统的电气自动化控制系统主要运用单一的、点对点的通信手段，两点之间的联系较少，容易造成布线系统过大。随着科技的发展，新型电子商品对信息共享和整体布线方面的需求越来越高。以汽车为例，通过调查统计可知，运用传统的布线手段的汽车拥有长达 2000 m 的导线，1500 个电气节点，并且每过十年这一数据便会增加 1 倍。由此可见，传统的布线方式无法跟上汽车发展的脚步。而 CAN 总线技术可以节省汽车空间，减少线束。例如，按照传统的布线方式，汽车车门的门锁控制、后视镜、摇窗机需要 20 ~ 30 根电线，而使用 CAN 总线这些部件仅需 2 根电线。

（三）关联控制

　　以汽车为例，传统的汽车控制手段无法在事故中关联控制不同的 ECU；而 CAN 总线可以完成 ECU 的实时关联控制。这样一来，当汽车发生碰撞事故时，CAN 总线会利用感应器发出碰撞信号，再运用 CAN 总线技术将信号输送至中央控制器，从而完成安全气囊的启动弹出动作，保证驾乘人员的安全。

第四节 工业控制网络系统的安全

一、工业控制网络系统的安全问题

工业控制网络系统整合了工业控制网络技术和电气自动化控制系统，它利用计算机设备控制工业过程，有效降低了人工成本，提高了工作效率，代替人类在环境恶劣的场所工作。传统的工业控制系统是封闭的，即使出现安全问题，其影响范围也十分有限。例如，一台传统的数控加工机床的数控模块被病毒感染，那么只有这一台被病毒感染的机床加工出来的产品存在质量问题，且质量问题在质量检测环节会被工作人员及时发现。工业控制网络系统的联结性大大提高，一旦出现安全问题，可能导致整个工业控制网络系统受到影响。

现如今网络技术飞速发展，工业控制网络系统的作用越来越突出，已经成为物联网的重要组成部分。工业控制网络系统与国计民生基础设施的联系越来越密切，很多领域都要依靠工业控制网络系统来保障安全，包括基础设施、军工、制造业、智慧城市等。但是，现有的支持工业控制网络系统运行的网络面临着较大的风险，这些风险会对国家安全造成直接威胁。实际上，这样的事件已经比比皆是，如美国某核电站的蠕虫病毒攻击事件等。这些安全事件的影响范围之大、影响之深，都需要引起人们的高度重视。

二、加强工业控制网络系统安全管理的有效措施

（一）设备自动控制

1. 确保控制信号的安全可靠

工业控制网络系统有可能会因受到非法或不必要信息的渗透和干扰而影响其预期操作，外部威胁或是其自身漏洞会影响工业控制网络系统的信息安全。工业控制网络系统的信息安全的危害与生产安全的危害不同，生产安全会直接影响人类的健康、破坏自然环境；信息安全是篡改或者误发与生产有关的关键信息和指标。

工业控制网络系统管控机械设备运作的主要方式是以弱电控制强电，当信息指令传递完成，机械设备就开始作业。从网络空间安全的角度来看，设备自动控制的安全主要表现在控制信号的安全。控制信号的来源分为两种：一种是直接产生于设备或者

是设备上的配套感知原件，对这一来源应注意防止人为物理破坏，以确保信号的安全可靠；另一种是控制信号，对这一来源应注意从传统的网络安全方面入手，以确保信息传递过程的可靠性，还应控制终端验证信息的准确性，避免信息被篡改。

2. 保证弱电控制强电的可靠性

弱电信号的运用在工业控制网络系统中十分常见。弱电信号大多用来控制大型机械设备的启停运作，其不仅能够控制设备运作的动力，而且能够改变设备运作的方式。弱电控制强电时可能出现的安全问题主要表现在两个方面：一方面是控制装置本身出现的安全问题，此时要想保证工业控制网络系统中电磁隔离能力、防雷性能、控制装置本身性能的可靠性，就需要采用冗余技术；另一方面是强电能源的动力安全性差，此时要想保证强电的安全性，必须保证接地良好，制定有效的触电防护措施。

设备正常运行是工业控制网络系统启动的最终表现，要想保障设备长期正常运行，需要定期检测和维修设备。以智慧水务系统为例，系统建设成效取决于其供水监控与调度管理系统的优良，只有系统能够及时发现并定位安全故障，工作人员才能及时发现设备故障。

（二）加强完善系统中的技术薄弱环节

当主用系统发生故障且不能及时恢复时，就会导致一系列严重的后果，如停止生产，给企业带来经济损失等。为了避免出现这种情况，要将备用应急 SCADA 系统安装于调控中心，满足调控中心基本的监视控制功能，及时补救现场损失；要将相应的安全补丁安装在服务器上，以有效阻止攻击程序在服务端运行；要将工业防火墙加装在调控中心和各个局域网之间；要安装工控网络异常感知系统。

此外，工业控制网络系统还要有效识别网络中的操作员站、服务器、PLC 资产和工程师站，实时监控网络资产，保证 SCADA 系统的运行效率和可靠性。

（三）确保系统的功能和物理方面的安全

要想保障设备和工厂的功能安全，就要保证工业控制网络系统能够正常发挥作用。如果工业控制网络系统的功能无法充分发挥或失效，设备或系统必须在保持安全状态的同时，及时发出警报，便于检修人员进行检修。例如，系统出现的故障是油管道主输入泵出口压力达到了超高标准，此时工业控制网络系统在接收泵出口压力传感器的信号后，要及时发出警报。若是压力数值达到一定标准，系统还要自动下发命令，连锁停泵以保护设备。如果工业控制网络系统不能发出停泵命令，现场的压力开关就会直接把信号送到主控制系统，再切断主输泵的电源，保证系统的安全。

物理安全问题包括电击、火灾、辐射等。要想避免物理安全问题的出现，我们可以在工业控制网络系统的机房安装烟感、温感类火灾报警设备，并配备灭火装置，确保控制系统的安全。

（四）重视安全基线以外的安全问题

为了加强工业控制网络系统的安全管理，同样应该重视系统中安全基线以外的通信问题。例如，计算机和打印机都会提供共享信息服务，为了保证信息安全，应该关闭计算机和打印机的信息共享服务；系统上存在一些 PC 端域名解析服务，应该将这些服务全部关闭，有效消除 LLMNR 协议；彻底检查电脑和服务器的通信进程，消除小流量通信，关闭所有不需要的通信进程。

在配置交换机的工作中，应注意限制地址解析协议的通信频率，并禁止使用 IC-MP，减少除西门子 S7 协议外的所有协议的流量。同时，在调整主机工作时，要以网络安全基线为中心，真正净化系统内的流量，营造透明化的电脑运行环境，并将监控设备部署在网络上，使用已经整理完成的网络安全基线来建设系统的基线。此时，系统能够检测到基线以外的通信，如果这些通信没有合理的解释，就可以认为系统存在安全威胁事件，采取相应的解决措施。在解决完安全威胁后，只需要恢复主机基线，系统就能正常运行。

第四章　PLC 控制技术

第一节　可编程控制器概述

可编程逻辑控制器（PLC）（以下简称"可编程控制器"），是一种数字运算操作的电子系统，是在 20 世纪 60 年代末面向工业环境，由美国科学家首先研制成功的。根据国际电工委员会在 20 世纪 80 年代的可编程控制器国际标准第三稿中，对其定义如下，可编程控制器是一种数字运算操作的电子系统，专为在工业环境应用而设计的。它采用可编程序的存储器，其内部存储执行逻辑运算、顺序控制、定时、计数和算术运算等操作指令，并通过数字的、模拟的输入和输出，控制各种类型的机械或生产过程。可编程序控制器及其有关设备，都是按易于与工业控制系统形成一体、易于扩充其功能的原则设计的。PLC 自产生至今只有几十年的历史，却得到了迅速发展和广泛应用，成为当代工业自动化的主要支柱之一。

一、可编程控制器组成部分、分类及特点

（一）可编程控制器组成部分

可编程控制器由硬件系统和软件系统两个部分组成，其中硬件系统可分为中央处理器和储存器两个部分，软件系统则为 PLC 软件程序和 PLC 编程语言两个部分。

1. 软件系统

（1）PLC 软件程序

可编程控制器的软件系统由 PLC 软件程序和编程语言组成，PLC 软件程序运行主要依靠系统程序和编程语言。一般情况下，可编程控制器的系统程序在出厂前就已经被锁定在了 ROM 系统程序的储存设备中。

（2）PLC 编程语言

PLC 编程语言主要用于辅助 PLC 软件程序的运作和使用，它的运作原理是利用编程元件继电器代替实际原件继电器进行运作，将编程逻辑转化为软件形式储存于系统，

从而帮助 PLC 软件程序运作和使用。

2. 硬件结构

（1）中央处理器

中央处理器在可编程控制器中的作用相当于人体的大脑，用于控制系统运行的逻辑，执行运算和控制。它由两个部分组成，分别是运算系统和控制系统，运算系统执行数据运算和分析，控制系统则根据运算结果和编程逻辑执行对生产线的控制、优化和监督。

（2）储存器

储存器主要执行数据储存、程序变动储存、逻辑变量，以及工作信息等，储存系统也用于储存系统软件，这一储存器叫作程序储存器。可编程控制器中的储存硬件在出厂前就已经设定好了系统程序，而且整个控制器的系统软件也已经被储存在储存器中。

（3）输入输出

输入输出执行数据输入和输出，它是系统与现场的 I/O 装置或其他设备进行连接的重要硬件装置，是实现信息输入和指令输出的重要环节。PLC 将工业生产和流水线运作的各类数据传送到主机，而后由主机中程序执行运算和操作，再将运算结果传送到输入模块，最后由输入模块将中央处理器发出的执行命令转化为控制工业此案长的强电信号，控制电磁阀、电机，以及接触器执行输出指令。

（二）可编程控制器分类

PLC 产品种类繁多，其规格和性能各不相同。对 PLC 的分类，通常根据其结构形式的不同、功能的差异和 I/O 点数等进行大致分类。

1. 按结构形式分类

根据 PLC 的结构形式，可将 PLC 分为整体式和模块式两类。

整体式 PLC 是将 CPU、存储器、I/O 部件等组成部分集中安装在印刷电路板上，并连同电源一起装在一个机壳内，形成整体，通常称为主机或基本单元。整体式 PLC 具有结构紧凑、体积小、重量轻、价格低的优点。一般小型或超小型 PLC 多采用这种结构。整体式 PLC 由不同 I/O 点数的基本单元（又称"主机"）和扩展单元组成。基本单元内有 CPU、I/O 接口、与 I/O 扩展单元相连的扩展口，以及与编程器或 EPROM 写入器相连的接口等。扩展单元内除了 I/O 和电源等，没有其他的外设。基本单元和扩展单元之间一般用扁平电缆连接。整体式 PLC 一般还可配备特殊功能单元，如模拟量单元、位置控制单元等，使其功能得以扩展。

模块式 PLC 是把各个组成部分做成独立的模块，如 CPU 模块、输入模块、输出模块、电源模块等。各模块被做成插件式，并将其组装在一个具有标准尺寸并带有若干插槽的机架内。模块式PLC由框架或基板和各种模块组成。模块装在框架或基板的插座上。模块式PLC的特点是配置灵活，装配和维修方便，易于扩展。大、中型PLC一般采用模块式结构。

还有一些PLC将整体式和模块式的特点结合，构成叠装式PLC。叠装式PLC的CPU、电源、I/O接口等也是各自独立的模块，但它们之间靠电缆进行连接，并且各模块可以叠装。这样，PLC不但可以灵活配置系统，还可使体积变得小巧。

2. 按功能分类

根据PLC所具有的不同功能，可将PLC分为低档、中档、高档三类。

低档PLC具有逻辑运算、定时、计数、移位，以及自诊断、监控等基本功能，还具有实现少量模拟量输入/输出、算术运算、数据传送和比较、通信的功能。主要用在逻辑控制、顺序控制或少量模拟量控制的单机控制系统中。

中档PLC不仅具有低档PLC的功能，还具有模拟量输入/输出、算术运算、数据传送和比较、数制转换、远程I/O、子程序、通信联网等强大的功能。有些PLC还可增设中断控制、PID控制等功能，比较适用于复杂控制系统。

高档PLC不仅具有中档机的功能，还增加了带符号算术运算、矩阵运算、位逻辑运算、平方根运算及其他特殊功能函数的运算、制表及表格传送等功能。高档PLC机具有更强的通信联网功能，可用于大规模过程控制或构成分布式网络控制系统，实现工厂自动化控制。

3. 按I/O点数分类

可编程控制器用于对外部设备的控制，外部信号的输入、PLC的运算结果的输出都要通过PLC输入输出端子来进行接线，输入、输出端子的数目之和被称作PLC的输入、输出点数，简称"I/O点数"。根据PLC的I/O点数的多少，可将PLC分为小型、中型和大型三类。

小型PLC——I/O点数 < 256；单CPU、8位或16位处理器、用户存储器容量4K字以下。如GE-I型（GE公司），TI100（美国德州仪器公司），F、F1、F2（日本三菱电气公司）等。

中型PLC——I/O点数为256～2048；双CPU，用户存储器容量为2～8K。如S7-300（德国西门子公司），SR-400（无锡华光电子工业有限公司），SU-5、SU-6（德国西门子公司）等。

大型PLC——I/O点数 > 2048；多CPU，16位、32位处理器，用户存储器容量为8～16K。如S7-400（德国西门子公司）、GE-IV（GE公司）、C-2000（嘉兴立石科技股份有限公司）、K3（日本三菱电气公司）等。

（三）可编程控制器特点

1. 通用性强，使用方便

由于 PLC 产品的系列化和模块化，PLC 配备有品种齐全的各种硬件装置供用户选用。当控制对象的硬件配置确定以后，就可通过修改用户程序，方便快速适应工艺条件的变化。

2. 功能性强，适应面广

现代 PLC 不仅具有逻辑运算、计时、计数、顺序控制等功能，而且具有 A/D 和 D/A 转换、数值运算、数据处理等功能。因此，它既可对开关量进行控制，也可对模拟量进行控制，既可控制 1 台生产机械、1 条生产线，也可控制 1 个生产过程。PLC 还具有通信联络功能，可与上位计算机构成分布式控制系统，实现遥控功能。

3. 可靠性高，抗干扰能力强

绝大多数用户都将可靠性作为选择控制装置的首要条件。由于 PLC 是专为在工业环境下应用而设计的，故采取了一系列硬件和软件抗干扰措施。硬件方面，隔离是抗干扰的主要措施之一。PLC 的输入、输出电路一般用光电耦合器来传递信号，使外部电路与 CPU 之间无电路联系，有效抑制了外部干扰源对 PLC 的影响，同时，还可以防止外部高电压窜入 CPU 模块。滤波是抗干扰的另一主要措施，在 PLC 的电源电路和 I/O 模块中，设置了多种滤波电路，对高频干扰信号有良好的抑制作用。软件方面，设置故障检测与诊断程序。采用以上抗干扰措施后，一般 PLC 平均无故障时间高达 $4 \times 10^4 \sim 5 \times 10^4$ h。

4. 编程方法简单，容易掌握

PLC 配备有易于接受和掌握的梯形图语言。该语言编程元件的符号和表达方式与继电器控制电路原理图相当接近。

5. 控制系统的设计、安装、调试和维修方便

PLC 用软件功能取代了继电器控制系统中大量的中间继电器、时间继电器、计数器等部件，控制柜的设计、安装接线工作量大为减少。PLC 的用户程序大都可以在实验室模拟调试，调试好后再将 PLC 控制系统安装到生产现场，进行联机统调。在维修方面，PLC 的故障率很低，且有完善的诊断和实现功能，一旦 PLC 外部的输入装置和执行机构发生故障，就可根据 PLC 上发光二极管或编程器上提供的信息，迅速查明原因。若是 PLC 本身问题，则可更换模块，迅速排除故障，维修极为方便。

6. 体积小，质量小，功耗低

由于 PLC 是将微电子技术应用于工业控制设备的新型产品，因而其结构紧凑，坚

固，体积小，质量小，功耗低，而且具有很好的抗震性和适应环境温度、湿度变化的能力。因此，PLC很容易装入机械设备内部，是实现机电一体化较理想的控制设备。

二、可编程控制器工作原理

可编程控制器通电后，需要对硬件及其使用资源做一些初始化的工作，为了使可编程控制器的输出即时响应各种输入信号，初始化后系统不停分阶段处理各种不同的任务。这种周而复始的工作方式称为扫描工作方式。根据PLC的运行方式和主要构成特点来讲，PLC实际上是一种计算机软件，且用于控制程序的计算机系统，它的主要优势在于比普通的计算机系统拥有更强大的工程过程接口，这种程序更加适合于工业环境。

（一）系统初始化

PLC通电后，要对CPU及各种资源进行初始化处理，包括清除I/O映像区、变量存储器区、复位所有定时器，检查I/O模块的连接等。

（二）读取输入

在可编程控制器的存储器中，设置了一片区域来存放输入信号和输出信号的状态，它们分别称为输入映像寄存器和输出映像寄存器。在读取输入阶段，可编程控制器把所有外部数字量输入电路的ON/OFF（1/0）状态读入输入映像寄存器。外接的输入电路闭合时，对应的输入映像寄存器为"1"状态，梯形图中对应输入点的常开触点接通，常闭触点断开。外接的输入电路断开时，对应的输入映像寄存器为"0"状态，梯形图中对应输入点的常开触点断开，常闭触点接通。

（三）执行用户程序

可编程控制器的用户程序由若干条指令组成，指令在存储器中按顺序排列。在用户程序执行阶段，在没有跳转指令时，CPU从第一条指令开始，逐条执行用户程序，直至遇到结束（END）指令。

在执行指令时，从I/O映像寄存器或别的位元件的映像寄存器读出其1/0状态，并根据指令的要求执行相应的逻辑运算，并将运算的结果写入相应的映像寄存器中。因此，各映像寄存器（除只读的输入映像寄存器外）的内容随着程序的执行而变化。

在程序执行阶段，即使外部输入信号的状态发生了变化，输入映像寄存器的状态也不会变，输入信号变化后的状态只能在下一个扫描周期的读取输入阶段被读入。执行程序时，对输入/输出的存取通常通过映像寄存器，而不是实际的I/O点，这样做有以下好处：程序执行阶段的输入值是固定的，程序执行后再用输出映像寄存器的值更新输出点，使系统的运行稳定；用户程序读写 I/O 映像寄存器比读写 I/O 点快得多，这样可以提高程序的执行速度；I/O 点必须按位来存取，而映像寄存器可按位、字节来存取，灵活性好。

（四）通信处理

在智能模块及通信信息处理阶段，CPU 模块应检查智能模块是否需要服务，如果需要，则读取智能模块的信息并存放在缓冲区，供下一扫描周期使用。在通信信息处理阶段，CPU 处理通信口接收的信息，会在适当的时候传送给通信请求方。

（五）CPU 自诊断测试

CPU 自诊断测试包括定期检查 EPROM、用户程序存储器、I/O 模块状态及 I/O 扩展总线的一致性，将监控定时器复位，以及完成一些别的内部工作。

（六）修改输出

CPU 执行完用户程序后，将输出映像寄存器的 I/O 状态传送到输出模块并锁存起来。梯形图中某一输出位的线圈"通电"时，对应的输出映像寄存器为 1 状态。信号经输出模块隔离和功率放大后，继电器型输出模块中对应的硬件继电器的线圈通电，其常开触点闭合，使外部负载通电工作。若梯形图中输出点的线圈"断电"，对应的输出映像寄存器中存放的二进制数为 0，将它送到物理输出模块，对应的硬件继电器的线圈断电，其常开触点断开，外部负载断电，停止工作。

（七）中断程序处理

如果 PLC 提供中断服务，而用户在程序中使用了中断，则中断事件发生时会立即执行中断程序，中断程序可能在扫描周期的任意时刻被执行。

（八）立即 I/O 处理

在程序执行过程中使用立即 I/O 指令可以直接存取 I/O 点。用立即 I/O 指令读输入点的值时，相应的输入映像寄存器的值未被更新。用立即 I/O 指令来改写输出点时，相应的输出映像寄存器的值被更新。

三、可编程控制器应用领域

在发达的工业国家，PLC 已经广泛应用于钢铁、石油、化工、电力、建材、机械制造、汽车、轻纺、交通运输、环保及文化娱乐等行业。随着 PLC 性价比的不断提高，一些过去使用专用计算机的场合，也转向使用 PLC。PLC 的应用范围在不断扩大，可归纳为如下几个方面。

（一）开关量的逻辑控制

这是 PLC 最基本、最广泛的应用领域之一。PLC 取代继电器控制系统，实现逻辑控制。例如，机床电气控制，冲床、铸造机械、运输带、包装机械的控制，注塑机的控制，化工系统中各种泵和电磁阀的控制，冶金企业的高炉上料系统、轧机、连铸机、飞剪的控制，电镀生产线、啤酒灌装生产线、汽车配装线、电视机和收音机的生产线控制等。

（二）运动控制

PLC 可用于对直线运动或圆周运动的控制。早期直接用开关量 I/O 模块连接位置传感器与执行机构，现在一般使用专用的运动控制模块。这类模块一般带有微处理器，用来控制运动物体的位置、速度和加速度，它可以控制直线运动或旋转运动、单轴或多轴运动。它们使运动控制与可编程控制器的顺序控制功能有机结合，被广泛应用在机床、装配机械等。

世界上各主要 PLC 厂家生产的 PLC 几乎都有运动控制功能。如日本三菱电气公司的 FX 系列 PLC 的 FX2N－1PG 是脉冲输出模块，可作一轴块从位置传感器得到当前的位置值，并与给定值相比较，比较的结果用来控制步进电动机的驱动装置。一台 FX2N 可接 8 块 FX2N－1PG。

（三）闭环过程控制

在工业生产中，一般用闭环控制方法来控制温度、压力、流量、速度这一类连续变化的模拟量，无论是使用模拟调节器的模拟控制系统还是使用计算机（包括 PLC）的控制系统，比例－积分－微分调节（PID）都因其良好的控制效果，得到了广泛应用。PLC 通过模拟量 I/O 模块实现模拟量与数字量之间的 A/D、D/A 转换，并对模拟量进行闭环 PID 控制，可用 PID 子程序来实现，也可使用专用的 PID 模块。PLC 的模拟量控制功能已经广泛应用于塑料挤压成型机、加热炉、热处理炉、锅炉等设备，还广泛应用于轻工、化工、机械、冶金、电力和建材等行业。

利用可编程控制器实现对模拟量的 PID 闭环控制，具有性价比高、用户使用方便、可靠性高、抗干扰能力强等特点。用 PLC 对模拟量进行数字 PID 控制时，可采用三种方法：使用 PID 过程控制模块；使用 PLC 内部的 PID 功能指令；使用用户自己编制的 PID 控制程序。前两种方法要么价格昂贵，在大型控制系统中才使用，要么算法固定，不够灵活。因此，如果有的 PLC 没有 PI 功能指令，或者虽然可以使用 PID 指令，但是希望采用其他的 PID 控制算法，则可采用第三种方法，即自编 PID 控制程序。

PLC 在模拟量的数字 PID 控制中的控制特征是由 PLC 自动采样，同时将采样的信号转换为适用于运算的数字量，存放在指定的数据寄存器中，由数据处理指令调用、计算处理后，由 PLC 自动送出。其 PID 控制规律可由梯形图程序来实现，因而有很强的灵活性和适应性，一些在模拟 PID 控制器中无法实现的问题在引入 PLC 的数字 PID 控制后就可以得到解决。

（四）数据处理

现代的 PLC 具有数学运算、数据传递、转换、排序和查表、位操作等功能，可以完成数据的采集、分析和处理。这些数据可以与存储器中的参考值比较，也可以用通信功能传送到别的智能装置，或将其打印制表。数据处理一般用在大、中型控制系统，如柔性制造系统、过程控制系统等。

（五）机器人控制

机器人作为工业过程自动生产线中的重要设备，已成为未来工业生产自动化的三大支柱之一。现在，许多机器人制造公司会选用 PLC 作为机器人控制器来控制各种机械动作。随着 PLC 体积进一步缩小，功能进一步增强，PLC 在机器人控制中的应用必将更加普遍。

（六）通信联网

PLC 的通信包括 PLC 之间的通信、PLC 与上位计算机和其他智能设备之间的通信。PLC 和计算机具有接口，用双绞线、同轴电缆或光缆将其联成网络，以实现信息的交换，并可构成"集中管理，分散控制"的分布式控制系统。目前 PLC 与 PLC 的通信网络是各厂家专用的。PLC 与计算机之间的通信，一些 PLC 生产厂家采用工业标准总线，并向标准通信协议靠拢。

四、可编程控制器发展趋势

（一）传统可编程控制器发展趋势

1. 技术发展迅速，产品更新换代快

随着计算机技术和通信技术的不断发展，PLC 的结构和功能不断改进，生产厂家不断推出功能更强的 PLC 新产品，平均 3~5 年更新换代 1 次。PLC 的发展有两个重要

趋势：（1）向体积更小、速度更快、功能更强、价格更低的微型化发展，以适应复杂单机、数控机床和工业机器人等领域的控制要求，实现机电一体化；（2）向大型化、复杂化、多功能、分散型、多层分布式工厂全自动网络化方向发展。

2. 开发各种智能模块，增强过程控制功能

智能 I/O 模块是以微处理器为基础的功能部件。它们的 CPU 与 PLC 的主 CPU 并行工作，占用主机 CPU 的时间很少，有利于提高 PLC 的扫描速度。智能模块主要有模拟量 I/O、PID 回路控制、通信控制、机械运动控制、高速计数、中断输入和 C 语言组件等。智能 I/O 的应用，使过程控制功能增强。某些 PLC 的过程控制还具有自适应、参数自整定功能，使调试时间减少，控制精度提高。

3. 与个人计算机相结合

目前，个人计算机主要用作 PLC 的编程器、操作站或人/机接口终端，其发展使 PLC 具备计算机的功能。大型 PLC 采用功能很强的微处理器和大容量存储器，将逻辑控制、模拟量控制、数学运算和通信功能紧密结合。这样，PLC 与个人计算机、工业控制计算机、集散控制系统在功能和应用方面相互渗透，使控制系统的性能价格比不断提高。

4. 通信联网功能不断增强

PLC 的通信联网功能使 PLC 与 PLC 之间、PLC 与计算机之间交换信息，形成统一的整体，实现分散集中控制。

5. 规范化、标准化

PLC 厂家在对硬件与编程工具不断升级的同时，日益向制造自动化协议（MAP）靠拢，并使 PLC 的基本部件（如输入输出模块、接线端子、通信协议、编程语言和编程工具等）的技术规范化、标准化，使不同产品互相兼容、易于组网，以真正方便用户，实现工厂生产的自动化。

（二）新型可编程控制器发展趋势

1. 向大型网络化、综合化方向发展

实现信息管理和工业生产相结合的综合自动化是 PLC 技术发展的趋势。现代工业自动化已不再局限于某些生产过程的自动化，采用 32 位微处理器的多 CPU 并行工作和大容量存储器的超大型 PLC 可实现超万点的 I/O 控制，大、中型 PLC 具有如下功能：函数运算、浮点运算、数据处理、文字处理、队列及阵运算、超前补偿、滞后补偿、多段斜坡曲线生成、处方、配方、批处理、故障搜索、自诊断等。强化通信能力和网络化功能是大型 PLC 发展的一个重要方面，其主要表现在向下将多个 PLC 与远程 I/O 站点相连，向上与工控机或管理计算机相连，构成整个工厂的自动化控制系统。

2. 向速度快、功能强的小型化方向发展

当前，小型化 PLC 在工业控制领域具有不可替代的地位，随着应用范围的扩大，体积小、速度快、功能强、价格低的 PLC 广泛应用到工控领域的各个层面。小型 PLC 将由整体化结构向模块化结构发展，系统配置的灵活性得以增强。小型化发展具体表现在：结构上的更新、物理尺寸的缩小、运算速度的提高、网络功能的加强、价格成本的降低。小型 PLC 的功能得到进一步强化，可直接安装在机器内部，适用于回路或设备的单机控制，不仅能够完成开关量的 I/O 控制，还可以实现高速计数、高速脉冲输出、PWM 波输出、中断控制、PID 控制、网络通信等功能，更利于机电一体化的形成。

现代 PLC 在模块功能、运算速度、结构规模，以及网络通信等方面都有了跨越式发展，它与计算机、通信、网络、半导体集成、控制、显示等技术的发展密切相关。PLC 已经融入了 IPC 和 DCS 的特点。面对激烈的技术市场竞争，PLC 面临其他控制新技术和新设备所带来的冲击，PLC 必须不断融入新技术、新方法，结合自身的特点，推陈出新，使功能更加完善。PLC 技术的不断进步，加之在网络通信技术方面出现新的突破，新一代 PLC 将能够更好地满足各种工业自动化控制的需要，其技术发展趋势有如下特点：

（1）网络化

PLC 相互之间及 PLC 与计算机之间的通信是 PLC 的网络通信所包含的内容。人们在不断制定与完善通用的通信标准，以加强 PLC 的联网通信能力。PLC 典型的网络拓扑结构为设备控制、过程控制和信息管理 3 个层次，工业自动化使用最多、应用范围最广泛的自动化控制网络便是 PLC 及其网络。

人们把现场总线引入设备控制层后，工业生产过程现场的检测仪表、变频器等现场设备可直接与 PLC 相连；过程控制层配置工具软件，人机界面功能更加友好、方便；具有工艺流程、动态画面、趋势图生成等功能，还可使 PLC 实现跨地区的监控、编程、诊断、管理，实现工厂的整体自动化控制；信息管理层使控制与信息管理融为一体。在制造业自动化通信协议规约的推动下，PLC 网络中的以太网通信将会越来越重要。

（2）模块多样化和智能化

各厂家拥有多样的系列化 PLC 产品，形成了应用灵活、使用简便、通用性和兼容性更强的用户的系统配置。智能的输入/输出模块不依赖主机，通常也具有中央处理单元、存储器、输入/输出单元，以及与外部设备的接口，内部总线将它们连接起来。智能输入/输出模块在自身系统程序的管理下，进行现场信号的检测、处理和控制，并通过外部设备接口与 PLC 主机的输入/输出扩展接口连接，从而实现与主机的通信。智能输入/输出模块既可以处理快速变化的现场信号，还可使 PLC 主机能够执行更多的应用程序。

适应各种特殊功能需要的各种智能模块，如智能PID模块、高速计数模块、温度检测模块、位置检测模块、运动控制模块、远程I/O模块、通信和人机接口模块等，其CPI与PLC的CPU并行工作，占用主机的CPU时间很少，可以提高PLC的扫描速度和完成特殊的控制要求。智能模块的出现，扩展了PLC功能，扩大了PLC应用范围，从而使得系统的设计更加灵活方便。

（3）高性能和高可靠性

如果PLC具有更大的存储容量、更高的运行速度和实时通信能力，必然可以提高PLC的处理能力水平、增强控制功能。高性能包括运算速度、交换数据、编程设备服务处理及外部设备响应等方面的高速化，运行速度和存储容量是PLC非常重要的性能指标。

自诊断技术、冗余技术、容错技术在PLC中得到广泛应用，在PLC控制系统发生的故障中，外部故障发生率远远大于内部故障的发生率。PLC内部故障通过PLC的软、硬件能够实现检测与处理，检测外部故障的专用智能模块将进一步提高控制系统的可靠性，具有容错和冗余性能的PLC技术将得以发展。

（4）编程朝着多样化、高级化方向发展

随着硬件结构的不断发展和功能的不断提高，PLC编程语言（梯形图、语句表外），还出现了面向顺序控制的步进编程语言、面向过程控制的流程图语言，以及与微机兼容的高级语言等，将满足适应各种控制要求。另外，功能更强的组态软件将不断改善开发环境，提高开发效率。PLC技术进步的发展趋势也将使多种编程语言并存、互补，朝着多样化、高级化方向发展。

（5）软件集成

所谓软件集成，就是将PLC的编程、操作界面、程序调试、故障诊断和处理、通信等集于一体。监控软件集成的系统将实现直接从生产中获得大量实时数据，并将数据加以分析后传送到管理层；此外，它还能将过程优化数据和生产过程的参数迅速反馈到控制层。现在，系统的软、硬件只需要通过模块化、系列化组合，便可在集成化的控制平台上"私人定制"的客户需要的控制系统，包括PLC控制系统、伺服控制系统、DCS系统及SCADA系统等，系统维护更加方便。将来，PLC技术会集成更多的系统功能，逐渐降低用户的使用难度，缩短开发周期，以及降低开发成本，以满足工业用户的需求。在一个集成自动化系统中，设备间能够最大限度实现资源的利用与共享。

（6）开放性与兼容性

信息相互交流的即时性、流通性对于工业控制系统而言，要求越来越高，系统整体性能更重要，人们更加注重PLC和周边设备的配合，用户对开放性要求强烈。系统不开放和不兼容会令用户难以充分利用自动化技术，给系统集成、系统升级和信息管理带来困难和附加成本。PLC 的品质既要看其内在技术是否先进，还需考察其是否符合国际标准化的程度和水平。标准化既可保证产品质量，也将保证各厂家产品之间的兼容性、开放性。编程软件统一、系统集成接口统一、网络和通信协议统一是 PLC 的开放性主要体现。目前，总线技术和以太网技术的协议是公开的，它为支持各种协议的 PLC 开放，提供了良好的条件。国际标准化组织提出的开放系统互联参考模型，以及通信协议的标准化等使各制造厂商的产品相互通信，促进 PLC 在开放功能上有较大发展。PLC 的开放性涉及通信协议、可靠性、技术保密性、厂家商业利益等问题，PLC 的完全开放还有很长的路要走。PLC 的开放性会使其更好地与其他控制系统集成。这是 PLC 未来的主要发展方向之一。

系统开放可使第三方软件在符合开放系统互联标准的 PLC 得到移植；采用标准化的软件可大大缩短系统开发时间，提高系统的可靠性。软件的发展也表现在通信软件的应用上，近些年推出的 PLC 都具有开放系统互联和通信的功能。标准编程方法将会使软件更容易操作和学习，软件开发工具和支持软件也相应得到广泛应用。维护软件功能的增强，降低了对维护人员的技能要求，减少了培训费用。面向对象的控件和 OCP 技术等高新技术被广泛应用于软件产品。PLC 已经开始采用标准化的软件系统，高级语言编程也逐步形成，为进一步的软件开放打下了基础。

（7）安全集成技术应用

安全集成基本原理是能够感知非正常工作状态并采取动作。安全集成系统与 PLC 标准控制系统共存，它们共享一个数据网络，安全集成系统的逻辑在 PLC 和智能驱动器硬件上运行。安全控制系统包括安全输入设备（如急停按钮、安全门限位开关或连锁开关、安全光栅或光幕、双手控制按钮）、安全控制电气元件（如安全继电器、安全 PLC、安全总线）、安全输出控制（如主回路中的接触器、继电器、阀等）。

PLC 控制系统的安全性也越来越得到重视，安全 PLC 控制系统就是专门为条件苛刻的任务或安全应用而设计的。安全 PLC 控制系统在其失效时不会对人员或过程安全带来危险。安全技术集成到伺服驱动系统中，便可以提供最短反应时间，使设定的安全相关数据在两个独立微处理器的通道中被传输和处理。如果发现某条通道中有监视参数存在误差时，驱动系统就会进入安全模式。PLC 控制系统的安全技术要求系统具有自诊断能力，可以监测硬件状态、程序执行状态和操作系统状态，保护安全 PLC 不受来自外界的干扰。

在 PLC 安全技术方面，各厂商在不断研发和推出安全 PLC 产品，例如，在标准 I/O 组中加上内嵌安全功能的 I/O 模块，通过编程组态来实现安全控制，从而构成了全集成的安全系统。这种基于 Ethernet Power Link 的安全系统是一种集成的模块化的安全技术，成为可靠、高效的生产过程的安全保障。

由于安全集成系统与控制系统共享一条数据总线或者一些硬件，系统的数据传输和处理速度可以大幅提高，同时节省了大量布线、安装、试运行及维护成本。罗克韦尔推出了模块式与分布式的安全 PLC，西门子的安全 PLC 业已应用于汽车制造系统。安全 PLC 技术将会广泛应用于汽车、机床、机械、船舶、石化、电厂等领域。

第二节　软 PLC 技术

软 PLC 技术是一项目前国际工业自动化领域逐渐兴起的、基于 PC 的新型控制技术。与传统硬 PLC 相比，软 PLC 具有更强的数据处理能力和强大的网络通信能力并具有开放的体系结构。目前，传统硬 PLC 控制系统已广泛应用于机械制造、工程机械、农林机械、矿山、冶金、石油化工、交通运输、海洋作业、军事器械、航空航天和原子能等技术领域。但是，随着近几年计算机技术、通信和网络技术、微处理器技术、人机界面技术等迅速发展，工业自动化领域对开放式控制器和开放式控制系统的需求更加迫切，硬件和软件体系结构封闭的传统硬 PLC 遇到了严峻的挑战。由于软 PLC 技术能够较好地满足和适应现代工业自动化技术的要求，以及用户对开放式控制系统的需求，目前美国、德国等一些西方发达国家都非常重视软 PLC 技术的研究与应用，并开始有成熟的产品出现。

一、软 PLC 技术简介

随着计算机技术和通信技术的发展，采用高性能微处理器作为其控制核心，基于 PC 的 PLC 技术得到迅速发展和广泛应用，其既具有硬 PLC 在功能、可靠性、速度、故障查找方面的优点，又具有丰富的编程语言、方便的网络连接等优势。

基于 PC 的 PLC 技术是以 PC 的硬件技术、网络通信技术为基础，采用标准的 PC 开发语言进行开发，同时通过其内置的驱动引擎提供标准的 PLC 软件接口，使用符合 IEC 61131 – 3 标准的工业开发界面及逻辑块图等软逻辑开发技术进行开发。通过 PC – Based PLC 的驱动引擎接口，一种 PC – Based PLC 可以使用多种软件开发，一种开发软件也可用于多种 PC – Based PLC 硬件。工程设计人员可以利用不同厂商的 PC – Based PLC 组成功能强大的混合控制系统，然后使用统一的、标准的开发界面，用熟悉的编程语言编制程序，以充分享受标准平台带来的益处，实现不同硬件之间软件的无缝移植，与其他 PLC 或计算机网络的通信方式可以采用通用的通信协议和低成本的以太网接口。

目前，利用 PC – Based PLC 设计的控制系统已成为最受欢迎的工业控制方案之一，PLC 与计算机已相互渗透和结合。而且 IEC 61131 – 3 作为统一的工业控制编程标准已逐步网络化，不仅能与控制功能和信息管理功能融为一体，并能与工业控制计算机、集散控制系统等进一步渗透和结合，实现大规模系统的综合性自动控制。

二、软 PLC 工作原理

软 PLC 是一种基于 PC 的新型工业控制软件，它不仅具有硬 PLC 在功能、可靠性、速度、故障查找等方面的优点，而且有效利用了 PC 的各种技术，具有高速处理数据和强大的网络通信能力。

利用软逻辑技术，可以自由配置 PLC 的软、硬件，使用用户熟悉的编程语言编写程序，可以将标准的工业 PC 转换成全功能的 PLC 型过程控制器。软 PLC 技术综合了计算机和 PLC 的开关量控制、模拟量控制、数学运算、数值处理、网络通信、PID 调节等功能，通过一个多任务控制内核，提供强大的指令集、快速而准确的扫描周期、可靠的操作和可连接各种 I/O 系统及网络的开放式结构。它遵循 IEC 61131-3 标准，支持多种编程语言：结构化文本、指令表语言、梯形图语言、功能块图语言、顺序功能图语言，以及它们之间的相互转化。

三、软 PLC 系统组成

（一）系统硬件

软 PLC 系统良好的开放性能，导致其硬件平台较多，既有传统的 PLC 硬件，也有当前较流行的嵌入式芯片，对于在网络环境下的 PC 或者 DCS 系统，其更是软 PLC 系统的优良硬件平台。

（二）开发系统

符合 IEC 61131-3 标准开发系统提供一个标准 PLC 编辑器，并将五种语言编译成目标代码，再经过连接将其下载到硬件系统中，同时，其应具有对应用程序的调试和与第三方程序通信的功能，开发系统主要具有以下功能：（1）开放的控制算法接口，支持用户自定义的控制算法模块；（2）仿真运行实时在线监控，便于编译和修改程序；（3）支持数据结构，支持多种控制算法，如 PID 控制、模糊控制等；（4）编程语言标准化，它遵循 IEC 61131-3 标准，支持多种语言编程，并且各种编程语言之间可以相互转换；（5）拥有强大的网络通信功能，支持基于 TCP/IP 网络，可以通过网络浏览器来对现场进行监控和操作。

（三）运行系统

软 PLC 的运行系统，是针对不同的硬件平台开发出的 IEC 61131 - 3 的虚拟机，完成对目标代码的解释和执行。对于不同的硬件平台，软 PLC 的运行系统还必须支持与开发系统的通信和相应的 I/O 模块的通信。这一部分是软 PLC 的核心，可完成输入处理、程序执行、输出处理等工作，其通常由 I/O 接口、通信接口、系统管理器、错误管理器等组成。

1. I/O 接口

I/O 接口用于与 I/O 系统通信，包括本地 I/O 系统和远程 I/O 系统，远程 I/O 主要通过现场总线 InterBus、ProfiBus、CAN 等实现。

2. 通信接口

通信接口使运行系统可以和编程系统软件按照各种协议进行通信。

3. 系统管理器

系统管理器负责处理不同任务、协调程序的执行，从 I/O 映像读写变量。

4. 错误管理器

错误管理器可检测和处理错误。

四、软 PLC 技术的发展

传统 PLC 的有些弱点使它的发展受到限制：（1）PLC 的软、硬体系结构封闭、不开放，专用总线、通信网络协议、各模块不通用；（2）编程语言虽多，但其组态、寻址、语言结构都不一致；（3）各品牌的 PLC 通用性和兼容性差；（4）各品牌产品的编程方法差别很大，技术专有性较强，用户使用某种品牌 PLC 时，不但要重新了解其硬件结构，还必须重新学习编程方法及其他规定。

随着工业控制系统规模的不断扩大，控制结构日趋分散化和复杂化，需要 PLC 具有更多的用户接口、更强大的网络通信能力、更好的灵活性。近年来，随着 IEC 61131 - 3 标准的推广，使得 PLC 呈现 PC 化和软件化趋势。相对于传统 PLC 技术，软 PLC 技术以其开放性、灵活性和低成本占有很大优势。

软 PLC 技术按照 IEC 61131 - 3 标准，打破以往各个 PLC 厂家互不兼容的局限性，可充分利用工业控制计算机（IPC）等的硬、软件资源，用软件来实现传统 PLC 的功能，使系统从封闭走向开放。软 PLC 技术提供 PLC 的相同功能，却具备了 PC 的各种优点。

软 PLC 技术具有高速数据处理能力和强大网络功能，可以简化自动化系统的体系结构，把控制、数据采集、通信、人机界面及特定应用，集成到统一开放系统平台上，采用开放的总线网络协议标准，满足未来控制系统开放性和柔性的要求。

基于 PC 的软 PLC 系统简化了系统的网络结构和设备设计，简化了复杂的通信接口，提高了系统的通信效率，降低了硬件投资，使其变得易于调试和维护。通过 OPC 技术能够与第三方控制产品建立通信，便于与其他控制产品集成。

目前，软 PLC 技术还处于发展初期，成熟完善的产品不多。软 PLC 技术也存在一些问题，主要是以 PC 为基础的控制引擎的实时性问题及设备的可靠性问题。随着技术的发展，相信软 PLC 技术会逐渐走向成熟。

第三节　PLC 控制系统的安装与调试

一、PLC 使用的工作环境要求

任何设备的正常运行都需要一定的外部环境，PLC 对使用环境有特定的要求。PLC 在安装调试过程中应注意以下几点：

（一）温度

PLC 对现场环境温度有一定要求。一般水平安装方式要求环境温度为 0～60℃，垂直安装方式要求环境温度为 0～40℃，空气的相对湿度应小于 85%（无凝露）。为了保证合适的温度、湿度，在 PLC 设计、安装时，必须考虑如下事项：

1. 电气控制柜的设计

柜体应该有足够的散热空间。柜体设计应该考虑空气对流的散热孔，对发热厉害的电气元件，应该考虑设计散热风扇。

2. 安装注意事项

PLC 安装时，不能放在发热量高的元器件附近，要避免阳光直射，并注意防水防潮；同时，要避免环境温度变化过大，以免内部形成凝露。

（二）振动

PLC 应远离强烈的振动源，防止 10～55 Hz 的振动频率频繁或连续振动。火电厂大型电气设备（如送风机、一次风机、引风机、电动给水泵、磨煤机等）工作时会产生较大的振动，因此 PLC 应远离以上设备。当使用环境不可避免振动时，必须采取减振措施，如采用减振胶等。

（三）空气

避免有腐蚀性和易燃性的气体，如氯化氢、硫化氢等。对于空气中有较多粉尘或腐蚀性气体的环境，可将 PLC 安装在封闭性较好的控制室或控制柜中，并安装空气净化装置。

（四）电源

PLC 供电电源为 50 Hz、220（1±10%）V 的交流电。对于电源线来的干扰，PLC 本身具有足够的抵制能力。对于可靠性要求很高的场合或电源干扰特别严重的环境，可以安装一台带屏蔽层的变比为 1∶1 的隔离变压器，以减少设备与大地之间的干扰。

二、PLC 自动控制系统调试

调试工作是检查 PLC 自动控制系统能否满足控制要求的关键工作，是对系统性能的一次客观、综合的评价。系统投用前必须经过全系统功能的严格调试，直到满足要求并经有关用户代表、监理和设计等签字确认后才能交付使用。调试人员应受过系统的专门培训，对控制系统的构成、硬件和软件的使用和操作都比较熟悉。调试人员在调试时发现的问题，都应及时联系有关设计人员，在设计人员同意后方可进行修改，修改需要做详细的记录，修改后的软件要进行备份。并对调试修改部分做好文档的整理和归档。调试内容主要包括输入输出功能、控制逻辑功能、通信功能、处理器性能测试等。

（一）调试方法

PLC 实现的自动控制系统，其控制功能基本都是通过设计软件来实现的。这种软件是利用 PLC 厂商提供的指令系统并根据机械设备的工艺流程来设计的。这些指令基本都不能直接操作计算机的硬件。程序设计者不能直接操作计算机的硬件，降低了软件设计的难度，使得系统的设计周期缩短，同时带来了控制系统其他方面的问题。在实际调试过程中，有时出现这样的情况：一个软件系统从理论上推敲能完全符合机械设备的工艺要求，而在运行过程中不能投入正常运转。在系统调试过程中，如果出现软件设计达不到机械设备的工艺要求时，除考虑软件设计的方法外，还可从以下几个方面寻求解决的途径。

1. 输入输出回路调试

（1）模拟量输入（AI）回路调试

要仔细核对 I/O 模块的地址分配；检查回路供电方式（内供电或外供电）是否与

现场仪表相一致；用信号发生器在现场端对每条通道加入信号，通常取 0、50% 和 100% 三点进行检查。对有报警、连锁值的 AI 回路，还要在报警连锁值（如高报、低报和连锁点及精度）进行检查，确认有关报警、连锁状态的正确性。

（2）模拟量输出（AO）回路调试

可根据回路控制的要求，用手动输出（直接在控制系统中设定）的办法检查执行机构（如阀门开度等），通常也取 0、50% 和 100% 三点进行检查；同时通过闭环控制，检查输出是否满足有关要求。对有报警、连锁值的 AO 回路，还要在报警连锁值（如高报、低报和连锁点及精度）进行检查，确认有关报警、连锁状态的正确性。

（3）开关量输入回路调试

在相应的现场端将其短接或断开，检查开关量输入模块对应通道地址的发光二极管的变化，同时检查通道的通、断变化。

（4）开关量输出回路调试

可通过 PLC 系统提供的强制功能对输出点进行检查。通过强制，检查开关量输出模块对应通道地址的发光二极管的变化，同时检查通道的通、断变化。

2. 回路调试注意事项

（1）对开关量输入输出回路，要注意保持状态的一致性原则，通常采用正逻辑原则，即当输入输出带电时，为"ON"状态，数据值为"1"；反之，当输入输出失电时，为"OFF"状态，数据值为"0"，便于理解和维护。

（2）对负载大的开关量输入输出模块应通过继电器与现场隔离，即现场接点尽量不要直接与输入输出模块连接。

（3）使用 PLC 提供的强制功能时，要注意在测试完毕后应还原状态；在同一时间内，不应对过多的点进行强制操作，以免损坏模块。

3. 控制逻辑功能调试

控制逻辑功能调试必须会同设计、工艺代表和项目管理人员共同完成。要应用处理器的测试功能设定输入条件，根据处理器逻辑检查输出状态的变化是否正确，以确认系统的控制逻辑功能。对所有的连锁回路，应模拟连锁的工艺条件，仔细检查连锁动作的正确性，并做好调试记录和会签确认。

检查工作是对设计控制程序软件进行验收的过程，是调试过程中最复杂、技术要求最高、难度最大的一项工作。特别在有专利技术应用、专用软件等情况下，要仔细检查其控制的正确性，应留有一定的操作裕度，同时保证工艺操作的正常运作，以及系统的安全性、可靠性和灵活性。

4. 处理器性能测试

处理器性能测试要按照系统说明书的要求进行，确保系统具有说明书描述的功能且稳定可靠，包括系统通信、备用电池和其他特殊模块的检查。对有冗余配置的系统必须进行冗余测试，即对冗余设计的部分进行全面的检查，包括电源冗余、处理器冗余、I/O冗余和通信冗余等。

（1）电源冗余

切断其中一路电源，系统应能继续正常运行，系统无扰动；被断电的电源加电后能恢复正常。

（2）处理器冗余

切断主处理器电源或切换主处理器的运行开关，热备处理器应能自动成为主处理器，系统运行正常，输出无扰动；被断电的处理器加电后能恢复正常并处于备用状态。

（3）I/O冗余

选择互为冗余、地址对应的输入和输出点，输入模块施加相同的输入信号，输出模块连接状态指示仪表。分别通断（或热插拔，如果允许）冗余输入模块和输出模块，检查其状态是否保持不变。

（4）通信冗余

可通过切断其中一个通信模块的电源或断开一条网络，检查系统能否正常通信和运行；复位后，相应的模块状态应自动恢复正常。

冗余测试，要根据设计要求，对一切有冗余设计的模块都进行冗余检查。此外，对系统功能的检查包括系统自检、文件查找、文件编译和下装、维护信息、备份等功能。对较为复杂的PLC系统，系统功能检查还包括逻辑图组态、回路组态和特殊I/O功能等内容。

（二）调试内容

1. 扫描周期和响应时间

用PC设计一个控制系统时，最重要的参数就是时间。PC执行程序中的所有指令要用多长时间（扫描时间）？一个输入信号经过PC多长时间后才能有一个输出信号（响应时间）？掌握这些参数，对设计和调试控制系统非常重要。

当PC开始运行之后，它串行执行存储器中的程序。我们可以把扫描时间分为4个部分：（1）共同部分，例如清除时间监视器和检查程序存储器；（2）数据输入、输出；（3）执行指令；（4）执行外围设备指令。

时间监视器是一个PC内部用来测量扫描时间的定时器。所谓扫描时间，是执行上面4个部分总共花费的时间。扫描时间的多少取决于系统的购置、I/O的点数、程序中使用的指令及外围设备的连接。当一个系统的硬件设计定型后，扫描时间主要取决于软件指令的长短。

从PC收到一个输入信号到向输出端输出一个控制信号所需要的时间，叫响应时间。响应时间是可变的，例如，在一个扫描周期结束时，收到一个输入信号，下一个扫描周期一开始，这个输入信号就起作用了。这时，这个输入信号的响应时间最短，它是输入延迟时间、扫描周期时间、输出延迟时间三者的和。如果在扫描周期开始时收到了一个输入信号，则在扫描周期内该输入信号不会起作用，只能等到下一个扫描周期才能起作用。这时，输入信号的响应时间最长，它是输入延迟时间、两个扫描周期的时间、输出延迟时间三者的和。因此，一个信号的最小响应时间和最大响应时间的估算公式：最小的响应时间 = 输入延迟时间 + 扫描时间 + 输出延迟时间，最大的响应时间 = 延迟时间 + 2 × 扫描时间 + 输出延迟时间。

从上面的响应时间估算公式可以看出，输入信号的响应时间由扫描周期决定。扫描周期一方面取决于系统的硬件配置，另一方面由控制软件中使用的指令和指令的条数决定。在砌块成型机自动控制系统调试过程中发生这样的情况：自动推板过程（把砌块从成型台上送到输送机上的过程）的启动，要靠成型工艺过程的完成信号来启动，输送砖坯的过程完成同时是送板的过程完成，并通知控制系统可以完成下一个成型过程。

单从程序的执行顺序上考察，控制时序的安排是正确的。可是，在调试的过程中发现，系统实际的控制时序：当第一个成型过程完成后，并不进行自动推板过程，而是直接开始下一个成型过程。遇到这种情况，设计者和用户的第一反应一般都是怀疑程序设计错误。经反复检查程序，并未发现错误，这时才考虑可能是指令的响应时间产生了问题。砌块成型机的控制系统是一个庞大的系统，其软件控制指令达五六百条。分析上面的梯形图，成型过程的启动信号置位，成型过程开始记忆，控制开始下一个成型过程。而下一个成型过程启动信号，由上一个成型过程的结束信号和有板信号产生。这时，就将产生这样的情况，在某个扫描周期内扫描到 HR002 信号，在执行置位推板记忆时，该信号没有响应，启动了成型过程。系统实际运行的情况：时而工作过程正常，时而是当上一个成型过程结束时不进行推板过程，直接进行下一个成型过程，这可能是由于输入信号的响应时间过长引起的。在这种情况下，由于硬件配置不能改变，指令条数也不可改变。处理过程中，设法在软件上做调整，使成型过程结束信号早点发出，以解决问题。

2. 软件复位

在 PLC 程序设计中使用最平常的一种是称为"保持继电器"的内部继电器。PLC 的保持继电器从 HR000 到 HR915，共 160 个。另一种是定时器或计数器从 TIM00 到 TIM47（CNT00 到 CNT47）共 48 个（不同型号的 PLC 保持继电器，定时器的点数不同）。其中，保持继电器实现的是记忆的功能，记忆着机械系统的运转状况、控制系统运转的正常时序。在时序的控制上，为实现控制的安全性、及时性、准确性，通常采用当一个机械动作完成时，其控制信号（由保持继电器产生）用来终止上一个机械动作的同时，启动下一个机械动作的控制方法。考虑到非法停机时保持继电器和时间继电器不能正常被复位的情况，在开机前，如果不强制使保持继电器复位，将会产生机械设备的误动作。系统设计时，通常采用的方法是设置硬件复位按钮，需要的时候，能够使保持继电器、定时器、计数器、高速计数器强制复位。在控制系统的调试中发现，如果使用保持继电器、定时器、计数器、高速计数器次数过多，硬件复位的功能很多时候会不起作用，也就是说，硬件复位的方法有时不能准确、及时使 PLC 的内部继电器、定时器、计数器复位，从而导致控制系统不能正常运转。为了确保系统的正常运转，在调试过程中，人为设置软件复位信号作为内部信号，可确保保持继电器有效复位，使系统在任何情况下均正常运转。

3. 硬件电路

PLC 的组成的控制系统硬件电路可被当作一个两线式传感器，如光电开关、接近开关或限位开关等，作为输入信号装置被接到 PLC 的输入端时，漏电流可能会导致输入信号为 ON。在系统调试中，如果偶尔产生错误动作，有可能是漏电流产生的错误信号引起的。为了防止这种情况发生，在设计硬件电路时，可在输入端接一个并联电阻。其中，不同型号的 PLC 漏电流值可查阅厂商提供的产品手册。在硬件电路上做这样的处理，可有效避免由于漏电流产生的误动作。

三、PLC 控制系统程序调试

（一）I/O 端子测试

用手动开关暂时代替现场输入信号，以手动方式逐一对 PLC 输入端子进行检查、验证，PLC 输入端子示灯点亮，表示正常。

我们可以编写一个小程序，输出电源良好情况下，检查所有 PLC 输出端子指示灯是否全亮。PLC 输入端子指示灯点亮，表示正常。

（二）系统调试

系统调试应首先按控制要求将电源、外部电路与输入输出端连接，然后装载程序于 PLC 中，运行 PLC 进行调试。将 PLC 与现场设备连接。正式调试前全面检查整个 PLC 控制系统，包括电源、接线、设备连接线、I/O 连线等。保证整个硬件连接在正确无误情况下即可送电。

把 PLC 控制单元工作方式设置为"RUN"开始运行。反复调试消除可能出现各种问题。调试过程中也可以根据实际需求对硬件做适当修改，以配合软件调试。应保持足够长的运行时间，使问题充分暴露并加以纠正。调试中多数是控制程序问题，一般分以下几步进行：对每一个现场信号和控制量做单独测试；检查硬件/修改程序；对现场信号和控制量做综合测试；带设备调试。

四、PLC 控制系统安装调试步骤

（一）前期技术准备

系统安装调试前的技术工作准备的是否充分，对安装与调试的顺利与否起着至关重要的作用。前期技术准备工作包括以下几个内容：

（1）熟悉 PC 随机技术资料、原文资料，深入理解其性能、功能及各种操作要求，制定操作规程。

（2）深入了解设计资料，对系统工艺流程，特别是工艺对各生产设备的控制要求要吃透，做到这两点，才能按照子系统绘制工艺流程连锁图、系统功能图、系统运行逻辑框图。这将有助于对系统运行逻辑的深刻理解，是前期技术准备的重要环节。

（3）熟悉掌握各工艺设备的性能、设计与安装情况，特别是各设备的控制与动力接线图，将图纸与实物相对照，以便于及时发现错误并快速纠正。

（4）在吃透设计方案与 PC 技术资料的基础上，列出 PC 输入输出点号表（包括内部线圈一览表，以及 I/O 所在位置、对应设备及各 I/O 点功能）。

（5）研读设计提供的程序，将逻辑复杂的部分输入并绘制成时序图，在绘制时序图时会发现一些设计中的逻辑错误，这样方便及时调整并改正。

（6）对分子系统编制调试方案，然后在集体讨论的基础上将子系统调试方案综合起来，成为全系统调试方案。

（二）PLC 商检

商检应由甲乙双方共同进行，应确认设备及备品、备件、技术资料、附件等的型号、数量、规格，其性能是否完好，应待实验现场调试时验证。商检结果，双方应签署交换清单。

（三）实验室调试

（1）PLC 的实验室安装与开通制作金属支架，将各工作站的输入输出模块固定其上，按安装提要将各站与主机、编程器、打印机等连接起来，并检查接线是否正确，在确定供电电源等级与 PLC 电压选择相符合后，按开机程序送电，装入系统配置带，确认系统配置，装入编程器装载带、编程带等，按照操作规则将系统开通，此时即可进行各项试验的操作。

（2）键入工作程序：在编程器上输入工作程序。

（3）模拟 I/O 输入、输出，检查修改程序。本步骤的目的在于验证输入的工作程序是否正确，该程序的逻辑所表达的工艺设备的连锁关系是否与设计的工艺控制要求相符合，程序在运行过程中是否畅通。若不相符或不能运行完成全过程，说明程序有错误，应及时进行修改。在这一过程中，对程序的理解将会进一步加深，为现场调试做好充足的准备，同时可以发现程序不合理和不完善的部分，以便于进一步优化与完善。

（四）PLC 的现场安装与检查

实验室调试完成后，待条件成熟，将设备移至现场安装。PLC 安装时应符合要求，将插件插入牢靠，并用螺栓紧固；通信电缆要统一型号，不能混用，必要时要用仪器检查线路信号衰减量，其衰减值不超过技术资料提出的指标；测量主机、I/O 柜、连接电缆等的对地绝缘电阻；测量系统专用接地的接地电阻；检查供电电源；以上应全部做好记录，待确认所有各项均符合要求后，才可通电开机。

（五）现场工艺设备接线、I/O 接点及信号的检查与调整

对现场工艺设备的控制回路、主回路接线的正确性进行检查并确认，在手动方式下进行单体试车；对进行 PLC 系统的全部输入点（包括转换开关、按钮、继电器与接触器触点，限位开关、仪表的位式调节开关等）及其与 PLC 输入模块的连线进行检查并反复操作，确认其正确性；对接收 PLC 输出的全部继电器、接触器线圈及其他执行元件，以及它们与输出模块的连线进行检查，确认其正确性；测量并记录其回路电阻，对地绝缘电阻，必要时应按输出节点的电源电压等级，向输出回路供电，以确保输出回路未短路；否则，当输出点向输出回路送电时，会因短路而烧坏模块。

一般来说，大中型 PLC 如果装上模拟输入输出模块，还可以接收和输出模拟量。在这种情况下，要对向 PLC 输送模拟输入信号的一次检测或变送元件，以及接收 PLC 模拟输出信号的调节或执行装置进行检查，确认其正确性。必要时，我们还应向检测与变送装置送入模拟输入量，以检验其安装的正确性及输出的模拟量是否正确并是否符合 PLC 所要求的标准；向接收 PLC 模拟输出信号调节或执行元件，送入与 PLC 模拟量相同的模拟信号，检查调节可执行装置能否正常工作。装上模拟输入与输出模块的PLC，可以对生产过程中的工艺参数（模拟量）进行监测，按设计方案预定的模型进行运算与调节，实行生产工艺流程的过程控制。

本步骤至关重要，检查与调整过程复杂且麻烦，必须认真对待。因为只要所有外部工艺设备完好，所有送入 PLC 的外部节点正确、可靠、稳定，所有线路连接无误，

加上程序逻辑验证无误，则进入联动调试时，就能一举成功，达到事半功倍的效果。

（六）统模拟联动空投试验

本步骤的试验目的是将经过实验室调试的 PLC 机及逻辑程序应用于实际工艺流程中，通过现场工艺设备的输入、输出节点及连接线路进行系统运行的逻辑验证。

试验时，将 PLC 控制的工艺设备（主要指电力拖动设备）主回路断开二相，仅保留作为继电控制电源的一相，使其在送电时不会转动。按设计要求对子系统的不同运转方式及其他控制功能，逐项进行系统模拟实验，先确认各转换开关、工作方式选择开关，以及其他预置开关的正确位置，然后通过 PLC 起动系统，按连锁顺序观察并记录 PLC 各输出节点所对应的继电器、接触器的吸合与断开情况，以及其顺序、时间间隔、信号指示等是否与设计的工艺流程逻辑控制要求相符，观察并记录其他装置的工作情况。对模拟联动空投试验中不能动作的执行机构，以及料位开关、限位开关、仪表的开关量与模拟量输入、输出节点与其他子系统的连锁等，视具体情况采用手动辅助、外部输入、机内强置等手段加以模拟，以协助 PLC 指挥整个系统按设计的逻辑控制要求运行。

（七）PLC 控制的单体试车

本步骤试验的目的是确认 PLC 输出回路能否驱动继电器、接触器的正常接通而使设备运转，并检查运转后的设备，其返回信号是否能正确送入 PLC 输入回路，限位开关能否正常动作。

其方法是，在 PLC 控制下，机内强置对应某一工艺设备（电动机、执行机构等）的输出节点，使其继电器、接触器动作，设备运转。这时应观察并记录设备运输情况，检查设备运转返回信号及限位开关、执行机构的动作是否正确无误。

试验时应特别注意，被强置的设备应悬挂运转危险指示牌，设专人值守。待机旁值守人员发出起动指令后，PLC 操作人员才能强置设备起动。应当特别重视的是，在整个调试过程中，没有充分的准备，绝不允许采用强置方法起动设备，以确保安全。

（八）PLC 控制下的系统无负荷联动试运转

本步骤的试验目的是确认经过单体无负荷试运行的工艺设备与经过系统模拟试运行证明逻辑无误的 PLC 连接后，能否按工艺要求正确运行，信号系统是否正确，检验各外部节点的可靠性、稳定性。试验前，要编制系统无负荷联动试车方案，讨论确认后严格按方案执行。试验时，先分子系统联动，子系统的连锁用人工辅助（节点短接或强置），然后进行全系统联动，试验内容应包括设计要求的各种起停和运转方式、事故状态与非常状态下的停车、各种信号等。总之，我们应尽可能地充分设想，使之更符合现场实际情况。事故状态可用强置方法模拟，事故点的设置要根据工艺要求确定。

在联动负荷试车前，一定要再对系统进行一次全面检查，并对操作人员进行培训，确保系统联动负荷试车一次成功。

第四节　PLC 通信及网络

一、PLC 通信概述

（一）PLC 通信介质

通信介质就是在通信系统中位于发送端与接收端之间的物理通路。通信介质一般可分为导向性和非导向性介质两种。导向性介质有双绞线、同轴电缆和光纤等，这种介质将引导信号的传播方向；非导向性介质一般通过空气传播信号，它不为信号引导传播方向，如短波、微波和红外线通信等。

1. 双绞线

双绞线是计算机网络中最常用的一种传输介质，一般包含 4 个双绞线对，两根线连接是为了防止其电磁感应在邻近线对中产生干扰信号。双绞线分为屏蔽双绞线和非屏蔽双绞线，非屏蔽双绞线有线缆外皮作为屏蔽层，适用于网络流量不大的场合。屏蔽双绞线具有一个金属甲套，对电磁干扰具有较弱的抵抗能力，比较适用于网络流量较大的高速网络协议应用。

双绞线由两根具有绝缘保护层的 22 号、26 号绝缘铜导线缠绕而成。把两根绝缘的铜导线按一定密度绞在一起，这种方法可以降低信号的干扰。每一组导线在传输中辐射的电波会相互抵消，以此降低电波对外界的干扰。把一对或多对双绞线放在一个绝缘套管中便成了双绞线电缆。在双绞线电缆内，不同线对有不同的扭绞长度，一般来说，扭绞长度在 1～14 cm 并按逆时针方向扭绞，相邻线对的扭绞长度在 12.7 cm 以上。与其他传输介质相比，双绞线在传输距离、信道宽度和数据传输速度等方面均受到一定限制，但价格较为低廉。

在双绞线上传输的信号可以分为共模信号和差模信号，在双绞线上传输的语音信号和数据信号都属于差模信号的形式，而外界的干扰，如线对间的串扰、线缆周围的脉冲噪声或者附近广播的无线电电磁干扰等属于共模信号。在双绞线接收端，变压器及差分放大器会将共模信号消除，而双绞线的差分电压会被当作有用信号进行处理。

作为最常用的传输介质，双绞线具有以下特点：

（1）能够有效抑制串扰噪声

与早期用来传输电报信号的金属线路相比，双绞线的共模抑制机制在各个线对之间采用不同的绞合度可以有效消除外界噪声的影响并抑制其他线对的串音干扰，双绞线低成本提高了电缆的传输质量。

（2）双绞线易于部署

线缆表面材质为聚乙烯等，具有良好的阻燃性和较轻的重量，而且内部的铜质电缆的弯曲度很好，可以在不影响通信性能的基础上做到较大幅度的弯曲。双绞线这种轻便的特征，使其便于部署。

（3）传输速率高且利用率高

目前广泛部署的五类线传输速度达到 100 Mbps，并且还有相当大的潜力可以挖掘。在基于电话线的 DSL 技术中，电话线上可以同时进行语音信号和宽带数字信号的传输，互不影响，大大提高了线缆的利用率。

（4）价格低廉

目前，双绞线已经具有相当成熟的制作工艺，无论是同光纤线缆还是同轴电缆相比，双绞线都可以说是价格低廉且购买容易。因为双绞线的这种优势，它能够做到在不过多影响通信性能的前提下，有效降低综合布线工程的成本。这也是它被广泛应用的一个重要原因。

2. 同轴电缆

同轴电缆是局域网中最常见的传输介质之一。它是由相互绝缘的同轴心导体构成的电缆：内导体为铜线，外导体为铜管或铜网。圆筒式的外导体套在内导体外面，两个导体间用绝缘材料隔离，外层导体和中心铂芯线的圆心在同一个轴心上，同轴电缆因此得名。同轴电缆设计成这样是为了将电磁场封闭在内外导体之间减少辐射损耗，防止外界电磁波干扰信号的传输，其常用于传送多路电话和电视。同轴电缆主要由四部分组成，包括铜导线、塑料绝缘层、编织式屏蔽层、外套。同轴电缆以一根硬的铜线为中心，中心铜线又用一层柔韧的塑料绝缘体包裹。绝缘体外面由一片铜编织物或分界箔片包裹，这层纺织物或金属箔片相当于同轴电缆的第二根导线、最外面的是电缆的外套。同轴电缆用的接头叫作"间制电缆接插头"。

目前得到广泛应用的同轴电缆主要有 50 Ω 电缆和 75 Ω 电缆两类。50 Ω 电缆用于基带数字信号传输，又称基带同轴电缆。电缆中只有一条信道，数据信号采用曼彻斯特编码方式，数据传输速率可达 10 Mbps，这种电缆主要用于局域以太网。75 Ω 电缆是 CATV 系统使用的标准，它既可用于传输宽带模拟信号，也可用于传输数字信号。对于模拟信号而言，其工作频率可达 400 MHz。若在这种电缆上使用频分复用技术，则可以使其同时具有大量的信道，每条信道都能传输模拟信号。

同轴电缆曾经广泛应用于局域网，与双绞线相比，它在长距离数据传输时所需要的中继器的数量更少。

它比非屏蔽双绞线较贵，但比光缆便宜。然而，同轴电缆要求外导体层妥善接地。这加大了安装难度。正因如此，虽然它有独特的优点，现在也不再被广泛应用于以太网。

3. 光纤

光纤是一种传输光信号的传输媒介。光纤的结构：处于光纤最内层的纤芯是一种横截面积很小、质地脆、易断裂的光导纤维，制造这种纤维的材料既可以是玻璃，也可以是塑料。纤芯的外层裹有一个包层，它由折射率比纤芯小的材料制成。正是由于在纤芯与包层之间存在折射率的差异，光信号才得以通过全反射在纤芯中不断向前传播。在光纤的最外层是起保护作用的外套，其通常是将多根光纤扎成束并裹以保护层制成多芯光缆。

从不同的角度考虑，光纤有多种分类方式。根据制作材料的不同，光纤可分为石英光纤、塑料光纤、玻璃光纤等；根据传输模式不同，光纤可分为多模渐变光纤、多模突变光纤和单模光纤；根据纤芯折射率的分布不同，光纤可分为突变型光纤和渐变型光纤；根据工作波长的不同，光纤可分为短波长光纤、长波长光纤和超长波长光纤。

单模光纤的带宽最宽，多模渐变光纤次之，多模突变光纤的带宽最窄；单模光纤适于大容量远距离通信，多模渐变光纤适于中等容量中等距离的通信，而多模突变光纤只适于小容量的短距离通信。

在实际光纤传输系统中，还应配置与光纤配套的光源发生器件和光检测器件。目前最常见的光源发生器件是发光二极管和注入式激光二极管。光检测器件是在接收端能够将光信号转化成电信号的器件，目前使用的光检测器件有光电二极管和雪崩光电二极管，光电二极管的价格较便宜，雪崩光电二极管具有较高的灵敏度。

与一般的导向性通信介质相比，光纤具有以下优点：

（1）光纤支持很宽的带宽，其范围在 1014～1015 Hz，这个范围覆盖了红外线和可见光的频谱。

（2）具有很高的传输速率，当前限制其所能实现的传输速率的因素来自信号生成技术。

（3）光纤抗电磁干扰能力强，由于光纤中传输的是不受外界电磁干扰的光束，而光束本身不向外辐射，因此它适用于长距离的信息传输及安全性要求较高的场合。

（4）光纤衰减较小，中继器的间距较大。采用光纤传输信号时，在较长距离内可以不设置信号放大设备，从而减少了整个系统中继器的数目。

光纤也存在一些缺点，如系统成本较高、不易安装与维护、质地脆易断裂等。

（二）PLC 数据通信方式

1. 并行通信与串行通信

数据通信主要有并行通信和串行通信两种方式：

并行通信是以字节或字为单位的数据传输方式，除了 8 根或 16 根数据线、一根公共线，还需要数据通信联络用的控制线。并行通信的传送速度非常快，但是由于传输线的根数多，导致成本高，一般用于近距离的数据传送。并行通信一般位于 PLC 的内部，如 PLC 内部元件之间、PLC 主机与扩展模块之间或近距离智能模块之间的数据通信。

串行通信是以二进制的位为单位的数据传输方式，每次只能够传送一位，除地线外，在一个数据传输方向上只需要一根数据线，这根线既作为数据线，又作为通信联络控制线，数据和联络信号在这根线上按位进行传送。串行通信需要的信号线数量很少，最少的只需要两三根信号线，比较适用于距离较远的场合。计算机和 PLC 都备有通用的串行通信接口，通常在工业控制中一般使用串行通信。串行通信多用于 PLC 与计算机之间、多台 PLC 之间的数据通信。

在串行通信中，传输速率常用比特率（每秒传送的二进制位数）来表示，其单位是比特/秒（bit/s）或 bps。传输速率是评价通信速度的重要指标。常用的标准传输速率有 300 bps、600 bps、1200 bps、2400 bps、4800 bps、9600 bps 和 19 200 bps 等。不同的串行通信的传输速率差别极大，有的只有数百 bps，有的可达 100 Mbps

2. 单工通信与双工通信

串行通信按信息在设备间的传送方向又分为单工、双工通信两种方式。

单工通信只能沿单一方向发送或接收数据。双工通信的信息可沿两个方向传送，每一个站既可以发送数据，也可以接收数据。

双工通信又分为全双工和半双工通信两种方式。数据的发送和接收分别由两根或两组不同的数据线传送，通信的双方都能在同一时刻接收和发送信息，这种传送方式称为全双工通信；用同一根线或同一组线接收和发送数据，通信的双方在同一时刻只能发送数据或接收数据，这种传送方式称为半双工通信。在 PLC 通信中常采用半双工通信和全双工通信。

3. 异步通信与同步通信

在串行通信中，通信的速率与时钟脉冲有关，接收方和发送方的传送速率应相同，但是实际的发送速率与接收速率之间总是存在一些微小的差别，如果不采取一定的措施，在连续传送大量的信息时，将会因积累误差而造成错位，使接收方收到错误的信息。为了解决这一问题，需要使发送和接收同步。按同步方式的不同，可将串行通信分为异步通信和同步通信。

异步通信的信息格式是发送的数据字符由一个起始位、7~8 个数据位、1 个奇偶校验位（可以没有）和停止位（1 位、1.5 位或 2 位）组成。通信双方需要对所采用的信息格式和数据的传输速率做相同的约定。接收方检测到停止位和起始位之间的下降沿后，将它作为接收的起始点，在每一位的中点接收信息。由于一个字符中包含的位数不多，即使发送方和接收方的收发频率略有不同，也不会因两台机器之间的时钟周期的误差积累而导致错位。异步通信传送附加的非有效信息较多，它的传输效率较低，一般用于低速通信，PLC 一般使用异步通信。

同步通信以字节为单位（一个字节由 8 位二进制数组成），每次传送 1~2 个同步字符、若干个数据字节和校验字符。同步字符起联络作用，用它来通知接收方开始接收数据。在同步通信中，发送方和接收方要保持完全同步。这意味着发送方和接收方应使用同一时钟脉冲。在近距离通信时，可以在传输线中设置一根时钟信号线。在远距离通信时，可以在数据流中提取同步信号，使接收方得到与发送方完全相同的接收时钟信号。由于同步通信方式不需要在每个数据字符中加起始位、停止位和奇偶校验位，只需要在数据块（往往很长）之前加 1~2 个同步字符，所以传输效率高，但是对硬件的要求较高，一般用于高速通信。

（三）数据通信形式

1. 基带传输

基带传输是按照数字信号原有的波形（以脉冲形式）在信道上直接传输的方式，它要求信道具有较宽的通频带。基带传输不需要调制解调，设备花费少，适用于较小范围的数据传输。基带传输时，通常要对数字信号进行一定的编码，常用数据编码方法包括不归零码、曼彻斯特编码和差动曼彻斯特编码等。后两种编码不含直流分量、包含时钟脉冲、便于双方自动同步，所以应用非常广泛。

2. 频带传输

频带传输是一种采用调制解调技术的传输方式。通常由发送端采用调制手段，对数字信号进行某种变换，将代表数据的二进制"1"和"0"，转换成具有一定频带范围的模拟信号，以便于在模拟信道上传输；接收端通过解调手段进行相反变换，模拟的调制信号复原为"1"和"0"。常用的调制方法有频率调制、振幅调制和相位调制。具有调制、解调功能的装置称为调制解调器，即 Modem。频带传输较复杂，传送距离较远，若通过市话系统配备 Modem，则传送距离将不会受到限制。

在 PLC 通信中，基带传输和频带传输两种传输形式都是常见的数据传输方式，但其大多采用基带传输。

(四) 数据通信接口

1. RS-232C 通信接口

RS-232C 是 RS-232 发展而来，是美国电子工业联合会在 1969 年公布的通信协议，至今任在计算机和其他相关设备通信中得到广泛使用。当通信距离较近时，通信双方可以直接连接，在通信中不需要控制联络信号，只需要 3 根线，即发送线（TXD）、接收线（RXD）和地线（GND），便可以实现全双工异步串行通信。工作在单端驱动和单端接收电路。计算机通过 TXD 端子向 PLC 的 RXD 发送驱动数据，PLC 的 TXD 接收数据后返回计算机的 RXD 数，由系统软件通过数据线传输数据；如"三菱" PLC 的设计编程软件 FXGP/WIN-C 和"西门子" PLC 的 STEP7-Micro/WIN32 编程软件等可方便实现系统控制通信。其工作方式简单，RXD 为串行数据接收信号，TXD 为串行数据发送信号，GND 接地连接线。其工作方式是串行数据从计算机 TXD 输出，PLC 的 RXD 端接收到串行数据同步脉冲，再由 PLC 的 TXD 端输出同步脉冲到计算机的 RXD 端，反复同时保持通信。从而实现全双工数据通信。

2. RS-422A/RS-485 通信接口

RS-422A 采用平衡驱动、差分接收电路，从根本上取消信号地线。平衡驱动器相当于两个单端驱动器，其输入信号相同，两个输出信号互为反相信号。外部输入的干扰号是以共模方式出现的，两根传输线上的共模干扰信号相同，因此接收器差分输入，共模信号可以互相抵消。只要接收器有足够的抗共模干扰能力，就能从干扰信号中识别驱动器输出的有用信号，从而克服外部干扰影响。在 RS-422A 工作模式下，数据通过 4 根导线传送，因此，RS-422A 是全双工通信方式，在两个方向同时发送和接收数据。两对平衡差分信号线分别用于发送和接收。

RS-485 是 RS-422A 的基础上发展而来的，RS-485 许多规定与 RS-422A 相仿；RS-485 为半双工通信方式，只有一对平衡差分信号线，不能同时发送和接收数据。使用 RS-485 通信接口和双绞线可以组成串行通信网络。工作在半双工的通信方式，数据可以在两个方向传送，但是同一时刻只限于一个方向传送。计算机端发送 PLC 端接收，或者 PLC 端发送计算机端接收。

3. RS-232C/RS-422A（RS-485）接口应用

RS-232/232C，RS-232 数据线接口简单方便，但是传输距离短，抗干扰能力差，为了弥补 RS-232 的不足，改进发展成为 RS-232C 数据线，典型应用有计算机与 Modem 的接口，计算机与显示器终端的接口，计算机与串行打印机的接口等。主要用于计算机之间通信，也可用于小型 PLC 与计算机之间通信，如三菱 PLC 等。

RS-422/422A，RS-422A 是 RS-422 的改进数据接口线，数据线的通信口为平衡驱动，差分接收电路，传输距离远，抗干扰能力强，数据传输速率高等，广泛用于小型 PLC 接口电路。如与计算机链接。小型控制系统中的可编程序控制器除使用编程软件外，一般不需要与别的设备通信，可编程控制器的编程接口一般是 RS – 422A 或 RS – 485，用于与计算机之间的通信；而计算机的串行通信接口是 RS – 232C，编程软件与可编程控制器交换信息时，需要配接专用的带转接电路的编程电缆或通信适配器。网络端口通信，如主站点与从站点之间，从站点与从站点之间的通信可采用 RS – 485。

RS – 485 是在 RS – 422A 基础上发展而来的；主要特点如下：

（1）传输距离远，一般为 1200 m，实际可达 3000 m，可用于远距离通信。

（2）数据传输速率高，可达 10 Mbit/s；接口采用屏蔽双绞线传输。注意平衡双绞线的长度与传输速率成反比。

（3）接口采用平衡驱动器和差分接收器的组合，抗共模干扰能力增强，即抗噪声干扰性能好。

（4）RS – 485 接口在总线上允许连接多达 128 个收发器，即具有多站网络能力。注意，如果 RS – 485 的通信距离大于 20 m 时，且出现通信干扰现象时，要考虑对终端匹配电阻的设置问题。RS – 485 由于性能优越，故被广泛用于计算机与 PLC 数据通信，除普通接口通信外，其还有如下功能：一是作为 PPI 接口，用于 PG 功能、HMI 功能 TD200 OP S7 – 200 系列 CPU/CPU 通信。二是作为 MPI 从站，用于主站交换数据通信。三是作为中断功能的自由可编程接口方式，用于同其他外部设备进行串行数据交换等。

二、PLC 网络的拓扑结构及通信协议配置

（一）控制系统模型简介

PLC 制造厂常用金字塔结构来描述它的产品所提供的功能，表明 PLC 及其网络在工厂自动化系统中的各层都发挥着作用。这些金字塔的共同点是上层负责生产管理，底层负责现场控制与检测，中间层负责生产过程的监控及优化。

国际标准化组织对企业自动化系统的建模进行了一系列的研究，提出了 6 级模型。它的第 1 级为检测与执行器驱动，第 2 级为设备控制，第 3 级为过程监控，第 4 级为车间在线作业管理，第 5 级为企业短期生产计划及业务管理，第 6 级为企业长期经营决策规划。

（二）PLC 网络的拓扑结构

由于 PLC 各层对通信的要求相差很远，所以只有采用多级通信子网，构成复合型拓扑结构，在不同级别的子网中配置不同的通信协议，才能满足各层对通信的要求。

而且采用复合型结构不仅使通信具有适应性，而且使其具有良好的可扩展性，用户可以根据投资和生产的发展，从单台 PLC 到网络，从底层向高层逐步扩展。下面以西门子公司的 PLC 网络为例，描述 PLC 网络的拓扑结构和协议配置。

德国西门子公司是欧洲最大 PLC 制造商之一，在大中型 PLC 市场上享有盛名。西门子公司的 S7 系列 PLC 网络，它采用 3 级总线复合型结构，最底一级为远程 I/O 链路，负责与现场设备通信，在远程 I/O 链路中配置周期 I/O 通信机制。在中间一级的是 Profibus 现场总线或主从式多点链路。前者是一种新型的现场总线，可承担现场、控制、监控三级的通信，采用令牌方式或轮循相结合的存取控制方式；后者为一种主从式总线，采用轮循式通信。最高层为工业以太网，它负责传送生产管理信息。

（三）PLC 网络各级子网通信协议配置规律

通过典型 PLC 网络的介绍，可以看到 PLC 各级子网通信协议的配置规律如下：

（1）PLC 网络通常采用 3 级或 4 级子网构成的复合型拓扑结构，各级子网中配置不同的通信协议，以适应不同的通信要求。

（2）PLC 网络中配置的通信协议有两类：一类是通用协议；另一类是专用协议。

（3）在 PLC 网络的高层子网中配置的通用协议主要有两种：一种是 MAP 规约；另一种是 Ethernet 协议，这反映 PLC 网络标准化与通用化的趋势。PLC 间的互联、PLC 网与其他局域网的互联将通过高层协议进行。

（4）在 PLC 网络的低层子网及中间层子网采用专用协议。其最底层由于传递过程数据及控制命令，这种信息很短，对实时性要求较高，常采用周期 I/O 方式通信；中间层负责传递监控信息，信息长度居于过程数据和管理信息之间，对实时性要求比较高，其通信协议常采用令牌方式控制通信，也可采用主从式控制通信。

（5）个人计算机加入不同级别的子网，必须根据所联入的子网要求配置通信模板，并按照该级子网配置的通信协议编制用户程序，一般在 PLC 中无须编制程序。对于协议比较复杂的子网，可购置厂家提供的通信软件装入个人计算机，将使用户通信程序的编制变得简单方便。

（6）PLC 网络低层子网对实时性要求较高，通常只有物理层、链路层、应用层；而高层子网传送管理信息，与普通网络性质接近，但考虑异种网互联，因此，高层子网的通信协议大多为 7 层。

（四）PLC 通信方法

在 PLC 及其网络中存在两类通信：一类是并行通信；另一类是串行通信。并行通信一般发生在 PLC 内部，它指的是多处理器之间的通信，以及 PLC 中 CPU 单元与各智能模板的 CPU 之间的通信。这里主要讲述 PLC 网络的串行通信。

PLC 网络从功能上可以分为 PLC 控制网络和 PLC 通信网络。PLC 控制网络只传送 ON/OFF 开关量，且一次传送的数据量较少。如 PLC 的远程 I/O 链路，通过 Link 区交换数据的 PLC 同位系统。它的特点是尽管要传送的开关量远离 PLC，但 PLC 对它们的操作就像直接对自己的 I/O 区操作一样简单、方便、迅速。PLC 通信网络又称为高速数据公路，这类网络传递开关量和数字量，一次传递的数据量较大，它类似于普通局域网。

1. 周期 I/O 方式

PLC 的远程 I/O 链路就是一种 PLC 控制网络，在远程 I/O 链路中采用"周期 I/O 方式"交换数据。远程 I/O 链路按主从方式工作，PLC 的远程 I/O 主单元在远程 I/O 链路中担任主站，其他远程 I/O 单元皆为从站。主站中负责通信的处理器采用周期扫描方式，按顺序与各从站交换数据，把与其对应的命令数据发送给从站，同时，从站中读取数据。

2. 全局 I/O 方式

全局 I/O 方式是一种共享存储区的串行通信方式，它主要用于带有连接存储区的 PLC 之间的通信。

在 PLC 网络的每台 PLC 的 I/O 区中各划出一块作为链接区，每个链接区都采用邮箱结构。相同编号的发送区与接受区大小相同，占用相同的地址段，一个为发送区，其他皆为接收区。采用广播方式通信。PLC1 把 1#发送区的数据在 PLC 网络上广播，PLC2、PLC3 把它接收下来并储存在各自的 1#接收区；PLC2 把 2#发送区的数据在 PLC 网络上广播，PLC1、PLC3 把它接收下来并储存在各自的 2#接收区；以此类推。由于每台 PLC 的链接区大小一样，占用的地址段相同，数据保持一致，所以，每台 PLC 访问自己的链接区，就等于访问了其他 PLC 的链接区，也就相当于与其他 PLC 交换了数据。这样链接区就变成了名副其实的共享存储区，共享存储区成为各 PLC 交换数据的中介。

全局 I/O 方式中的链接区是从 PLC 的 I/O 区划分出来的，经过等值化通信变成所有 PLC 共享，因此称为"全局 I/O 方式"。这种方式 PLC 直接用读写指令对链接区进行读写操作，简单、方便、快速，但应注意在一台 PLC 中对某地址的写操作在其他 PLC 中对同一地址只能进行读操作。

3. 主从总线通信方式

主从总线通信方式又称为 1：N 通信方式，这是在 PLC 通信网络上采用的一种通信方式。在总线结构的 PLC 子网上有 N 个站，其中只有 1 个主站，其他皆是从站。这种通信方式采用集中式存取控制技术分配总线使用权，通常采用轮询表法，轮询表即一张从机号排列顺序表，该表配置在主站中，主站按照轮询表的排列顺序对从站进行询问，看它是否要使用总线，从而达到分配总线使用权的目的。

为了保证实时性，要求轮询表包含每个从站号不能少于一次，这样在周期轮询时，每个从站在一个周期中至少有一次取得总线使用权的机会，从而保证了每个站的基本实时性。

4. 令牌总线通信方式

令牌总线通信方式又称为 N∶N 通信方式。在总线结构上的 PLC 子网上有 N 个站，它们地位平等，没有主从站之分。这种通信方式采用令牌总线存取控制技术。在物理上组成逻辑环，让一个令牌在逻辑环中按照一定方向依次流动，获得令牌的站就取得了总线使用权。

热处理生产线 PLC 控制系统监控系统中采用 1∶1 式"I/O 周期扫描"的 PLC 网络通信方法，即把个人计算机联入 PLC 控制系统中。计算机是整个控制系统的超级终端，同时是整个系统数据流通的重要枢纽。通过设计专业 PLC 控制系统监控软件，实现对 PLC 系统的数据读写、工艺流程、质量管理，以及动态数据检测与调整等功能，通过建立配置专用通信模板，实现通信连接，在协议配置上采用 9600 bps 的通信波特率、FCS 奇偶校验和 7 位的帧结构形式。

这样的协议配置和通信方法的选用主要是根据该热处理生产线结构较简单、PLC 控制点数不多、控制炉内碳势难度不大和通信控制场所范围较小的特点来选定的，是通过 RS-485 串行通信总线，实现 PLC 与计算机之间的数据交流的，经过现场生产运行，证明该系统的协议配置和通信方法的选用是有效、切实可行的。

第五章　电气工程及自动化常用技术技能

第一节　电气工程训练与创新

一、工程训练的内容

（一）产品生产过程

人类设计制造的产品种类繁多，大到航空母舰、航天飞机，小到电梯、空调等，都有其特定功能。例如，电梯可以载人载物，空调可以调节环境温度等，它们都少不了由机床作为切削工具来改变零件的形状、尺寸，加工符合工程图样要求的零件，并最终组装成产品的过程。

以机电产品为例，产品的种类虽然繁多，且功能各不相同，但基本要求是相同的，即满足市场对高质量、高性能、高效率、低成本、低能耗的机电产品的需求，获得最大的社会效益和经济效益。对机电产品的基本要求有：

（1）功能要求：具有特定功能，如运输、保温、计时、通信等。

（2）性能要求：如速度可调范围、起停时间、噪声、磨损等。

（3）结构工艺性要求：产品结构简单，便于制造、装配和维护等。

（4）可靠性要求：产品故障率低，有安全防护措施等。

（5）绿色性要求：产品节能、环保、无公害，包括废水、废气、废渣和废弃产品的回收处理等。

（6）成本要求：产品成本包括制造成本和使用成本，降低成本以提升产品的竞争力。

产品制造是人类按照市场需求，运用主观掌握的知识和技能，借助手工或可以利用的客观物质工具，采用有效的工艺方法和必要的能源，将原材料转化为最终机电产品，投放市场并不断完善的全过程，可以描述为宏观过程和具体过程。

（二）电气工程训练的内容

电气工程训练包括以下项目，可以根据教学需要有所选择。具体训练内容如下：

（1）安全用电。

（2）电工工具和仪表。

（3）常用低压电器。

（4）三相异步电动机控制电路。

（5）室内照明电路工程实践。

（6）智能家居和智能控制。

（7）创新设计。

（三）工程训练的教学环节

工程训练按项目进行，教学环节有实践操作、现场示范和理论讲授等。

（1）实践操作是训练的主要环节，通过实践操作获得各种项目训练方法的感性知识，初步学会使用有关的设备和工具。

（2）现场示范在实践操作的基础上进行，增强学生的兴趣，掌握操作要领。

（3）理论讲授包括概论课、理论课和专题讲座。

二、工程训练的目的

工程训练的目的是掌握基础理论知识，增强实践能力，提高综合素质，培养创新意识和创新能力。

（一）掌握基础理论知识

学生除了应该具备较强的基础理论知识和专业技术知识，还必须具备一定的基本电气工艺知识。与一般的理论课程不同，学生在工程训练中，主要通过自己的亲身实践来获取电气工程基础知识和实践技能。这些工艺知识都是非常具体、生动而实际的，对于各专业的学生学习后续课程、进行毕业设计乃至以后的工作和生活，都是必要的。

（二）增强实践能力

这里所说的实践能力，包括动手能力、学习能力、在实践中获取知识的能力，运用所学知识解决实际问题的技能，以及独立分析和亲手解决工程技术问题的能力。这些能力，对于每个学生都是非常重要的，而这些能力可以通过训练、实践、作业、课程设计和毕业设计等实践性课程或教学环节来培养。

在工程训练中，学生亲自动手操作各种机电设备，使用各种工具、夹具、量具、刀具、仪表和电气元器件，尽可能结合实际生产进行各项目操作训练。

（三）提高综合素质

工程技术人员应具有较高的综合素质，即应具有坚定正确的政治方向，艰苦奋斗的创业精神，团结勤奋的工作态度，严谨求实的科学作风，良好的心理素质及较高的工程素质等。

工程素质是指人在有关工程实践工作中表现的内在品质和作风，它是工程技术人员必须具备的基本素质。工程素质的内涵包括工程知识、工程意识和工程实践能力。其中工程意识包括市场、质量、安全、群体、环境、社会、经济、管理和法律等方面的意识。工程训练是在生产实践的特殊环境下进行的，对大多数学生来说是第一次接触工作岗位，第一次用自身的劳动为社会创造财富，第一次通过理论与实践的结合来检验学习效果，同时接受社会化生产的熏陶和组织性、纪律性的教育。学生将亲身感受劳动的艰辛，体验劳动成果的来之不易，增强对劳动人民的思想感情，加强对工程素质的认识。所有这些，对提高学生的综合素质必然起到重要作用。

（四）培养创新意识和创新能力

培养学生的创新意识和创新能力，启蒙式的教育是非常重要的。在工程训练中，学生要接触几十种机械、电气与电子设备，并了解、熟悉、掌握其中一部分设备的结构、原理和使用方法。这些设备都是前人和今人的创造发明，强烈映射出创造者历经长期追求和苦苦探索所燃起的智慧火花。在这种环境下学习，有利于培养学生的创新意识。在训练过程中，还要有意识安排一些自行设计、自行制作的综合性创新训练环节，以培养学生的创新能力。

三、工程训练的要求

（一）工程训练的教学特点

工程训练以实践为主，学生必须在教师的指导下独立操作，它不同于一般理论性课程，其特点如下：

（1）它没有系统的理论、定理和公式，除了一些基本原则，大都是一些具体的生产经验，工艺、安装调试及施工等知识。

（2）学习的课堂主要不是教室，而是具有很多仪器设备的训练室或实验室。

（3）学习的对象主要不是书本，而是具体生产过程。

（4）教学过程中不仅有教师来指导学生，而且有工程技术人员和现场教学指导人员来指导学生。

（二）工程训练的学习方法

工程训练具有实践性的教学特点，学生的学习方法也应做相应的调整和改变。

（1）要善于向实践学习，注重在生产过程中学习基本的工艺及电气知识和技能。

（2）要注意对训练内容的预习和复习，按时完成训练作业、日记、报告等。

（3）要严格遵守规章制度和安全操作技术规程，重视人身和设备的安全。

（4）建议学生按照以下认知过程学习：教学目的导向→预习、复习→认真听讲→记好日记→遵章守纪→积极操作→确保安全→循序渐进→听从安排→完成实践电路→主动学习→不断总结→勇于创新→提高素质能力。

（三）工程训练，安全第一

安全教学和生产对国家、集体、个人都是非常重要的。安全第一，既是完成工程训练学习任务的基本保证，也是培养合格的高质量工程技术人员应具备的一项基本工程素质。在整个训练过程中，学生要自始至终树立安全第一的思想，严格遵守规章制度和安全操作规程，时刻警惕，不能麻痹大意。

四、综合创新训练

（一）创新的概念及特性

1. 创新及其相关概念

（1）创新的概念

创新是人们把新设想、新成果运用到生产实际或社会实践而取得进步的过程，是获得更高社会效益和经济效益的综合过程，或者可以认为是对旧的一切所进行的革新、替代或覆盖。这种效益可能是物质的，也可能是精神的，但必须是对人类社会有益的。由以上定义不难看出，构成创新的基本要素是人、新成果、实施过程和更高效益。

创新从经济现象开始，随着科学技术的进步和经济的发展，人们对创新的认识也在不断扩展和深化，而且已扩展至科学、政治、文化和教育等各个方面。其中既有涉及技术性变化的创新，如知识创新、技术创新和工艺创新等，也有涉及非技术性变化的创新，如组织创新、管理创新、政策创新等。创新已经成为人类社会进步过程中的普遍现象。在此，我们主要介绍涉及机电工程技术方面的创新。

（2）创新与其他相关概念的关系

创造与创新的内涵没有太大的差别，两者都具有首创性特征。但创造与创新的首创性特征的含义并不完全相同。创造是指新构思、新观念的产生，创造的"首创性"是指"无中生有"，着重于一个具体的结果。创新的含义要广泛得多，创新的"首创性"不仅指"无中生有"，更多的是指"推陈出新"，它指的是事物内部新的进步因素通过斗争战胜旧的落后因素，最终发展成新事物的过程，是一切事物向前发展的根本动力。

创新与创造的主要差别是创新有很强的目的性，它更着重于市场需求，着重于与市场相关的技术；创造着重的是研究活动本身或它的直接结果，而创新着重的是新事物的发展过程和最终结果。例如，把创造应用于生产过程和商业经营活动，并由此带来更高的经济效益和社会效益。

发现是指经过探索研究找出以前还没有认识的事物规律，如科学家发现地球本身自转一周为一天等。

发明是指获得人为性的创造成果，例如，人类发明了第一艘宇宙飞船进入太空飞行等。

发明加上成功的开发才可以称为创新。付诸实践的创新也不一定是任意的一种发明，创新是把发明创造应用于生产经营活动中去的一个过程，过程的起始应该是发明创造。有了发明创造出来的新理论、新产品、新工艺和新技术，创新也就有了起始点。小的发明有时可以引发大的创新，例如，集装箱的出现算不上大的发明，甚至谈不上技术上的发明创造，但它引发了世界运输革命，使航运业的效率增加了 3 倍，因此被认为是重大创新。

（3）创新能力

创新能力是指一个人（或群体）通过创新活动、创新行为而获得创新性成果的能力。它是人的能力中最重要、层次最高的一种综合能力。创新能力包含多方面的因素，如探索问题的敏锐力、联想能力、侧向思维能力和预见能力等。

对于在校就读的学生而言，创新能力是求职、就业、创业乃至其一生事业发展过程中的一种通用能力。

创新能力在创新活动中，主要是提出问题和解决问题这两种能力的合成。提出问题包括了发现问题和提出问题，首要的是发现问题的能力，即从外界众多的信息源中，发现自己所需要的、有价值的问题的能力。发现问题也是科学研究和发明创造的开端。相对于解决问题，提出问题在创新活动中占有更重要的地位。

2. 创新的特性

（1）首创性

创新是解决前人没有解决的问题，因此创新必然具有首创性特征。创新要求人们要敢于积极进取、标新立异。一件创新产品应该具有时代感和新颖性。

创新并不一定是全新的东西，旧的东西以新的方式结合或以新的形式出现也是创新。一般认为某些模仿也是创新，模仿已成为创新传播的重要形式之一。模仿可分为创造性模仿和简单性模仿。现实中的模仿大多数属第一类，对原产品进行了进一步的改进，带有一定的创造性，因此被看作创新。没有创造性的产品属于低级重复性产品。在经济发展不均衡的地区，不排除这种产品会有一定的市场，但这种市场往往表现出很大的局限性和暂时性，这种产品的制造与销售，多数人认为不能称为创新。

（2）综合性

创新不是凭空设想。一项创新活动需要广泛的知识和深厚的科技理论功底。在学习的时候，人们往往将学科、课程进行分开学习，但如果把思想仅仅束缚在某一门课程的知识范围内就很难进行创新。创新需要把各相关学科的知识加以综合利用，融会贯通。

作为一个完整的产品创新活动，需要完成由产品发明到开发直至市场化的过程。在这个过程中，除了需要发明者的科技知识，还需要各有关方面具体执行者的密切配合，主要是生产工作者和经营管理者的密切配合，创新才能成功。

创新过程每一个阶段的工作往往不是仅凭一个人的能力就能完成的。不同的人在其中所起的作用不同，但一项创新产品的成功必然是众多参与者集体智慧的结晶。创新的综合性就表现在创新活动的产品是众多人的共同努力、多学科知识交叉融会及多种行业协调配合的成果。

（3）实践性

创新活动自始至终是一项实践活动。创新初期，产品类型的确定是建立在社会需要的基础之上的。在创新过程中，产品的构思阶段和制造阶段中都显示或隐含着大量实践性经验的因素。一项新产品产生后，其能否被称为完整意义上的创新，最终还要经过市场实践的检验。

3. 创新的思维方式

创新思维是人们在已有的知识和经验的基础上，通过主动、有意识地思考，产生独特、新颖的认识成果，是一种心理活动过程。从创新的特性可推出，创新思维应该具有突破性、独立性和辩证性。

要强调创新，就应该突破原有的思维定式，打破迷信权威的思维障碍，敢于标新立异。创新思维有形象思维、联想思维、发散思维和辩证思维等。

（二）工程综合创新训练

1. 实践是创新实现的基本途径

人类所从事的任何创新，不管是物质创新还是精神创新，不管是具体物品创新还是知识理论创新，都是通过实践来实现的，是在实践的过程中形成、检验和发展的。脱离了实践活动，任何创新都难以实现与发展。

（1）创新与实践过程

创新首先要确定其选题和目标。选题和目标是根据社会的需要和实现的可能提出的，经过理论的论证才确定下来。但选题和目标确定得是否完全合理，能否像人们预想的那样克服实现过程中遇到的困难，只有通过实践检验后才能最终确定。例如，飞机在发明出来以前，在自然界中是完全不存在的。人们为了实现像鸟一样在天空中飞翔的目标，曾进行过多种方案的构思与实践，如类似鸟翼的拍打飞行，类似蝙蝠翼的滑翔飞行等。在一次次的实践失败以后，人们不断改进构思，最终由莱特兄弟实现了人类在蓝天上飞翔的梦想。这个例子说明了用类似鸟翼拍打或滑翔飞行的方法载人飞上天空在实践检验中遭到了失败，但人类飞上蓝天的愿望最终在人们不断实践和创新中取得了成功。实践可以检验创新过程和创新的成果。在检验中就会发现问题和不足，从而有针对性地提出改进的措施和方法，修正创新目标或创新方案，修正创新过程，使创新得以实现和发展。任何事物的发展，都是在修正错误中前进的，创新也不例外。一些重大的创新目标，往往要经过实践的反复检验，才能最终确立和完善。

还有一种创新活动，它并没有引起客体对象的现实改变，而是把对象的本质和规律反映在人的头脑中，经过头脑的选择和构建，形成新的观念、思想和理论。

（2）实践锻炼提高人的创新能力

创新成果的大小，往往取决于人的创新能力。创新能力和创新品质是在实践中锻炼和发展起来的，不是天生的。人们只有在社会实践中丰富了创新知识，培养了创新思维，加强了创新意识，修炼了创新意志，增长了创新才干，才能成为创新之人。由于实践贯穿于创新的全过程，而且反馈和调节着整个创新活动，因此绝不能低估实践在创新中的地位和作用。有人认为创新是头脑的自由创造物，是某种机遇、某种灵感，似乎只要某种灵机一动就可轻而易举地取得某种创新成果。这种观点显然是不科学的，必然导致对实践操作和实验的轻视。明确了这一点，我们就必须着重实践能力的培养和锻炼。

总之，创新是通过实践来实现的。任何创新思想，只有付诸行动，才能形成创新成果。因此重视实践是创新的基本要求。

2. 创新能力的培养和训练

现代心理学的研究表明，人人都有创造力，都有创造的可能性，只是在程度上有所不同而已。人的创新思维能力不是天生的，天生的只是创新的潜能，这种潜能仅具有自然属性。创新能力是具有社会属性的显性能力，是在实践中、日常生活中、学习和工作中锻炼和培养起来的。

创新思维是可以通过训练培养的，创新能力也是可以通过锻炼提高的。美国通用电气公司长期坚持"创造工程"这门课程的培训，他们所得出的结论是，那些通过创造工程教学大纲训练的毕业生，发明创造的方法和获得专利的速度，平均要比未经训练的人高出 3 倍。梅多和帕内斯等在布法罗大学通过对 330 名大学生的观察和研究发现，受过创造性思维教育的学生在产生有效的创见方面，与没有受过这种教育的学生相比有提高。他们的另一项测验表明，学习了创造方面课程的学生，同没有学过这类课程的学生相比，在自信心、主动性及指挥能力方面都有大幅提高。

创新能力是靠教育、培养和训练激励出来的。提升创新能力主要通过三条途径来实现。

①在日常生活中经常有意识地观察和思考一些问题，如"为什么""做什么""应该怎样做""是不是只能这样""还有没有更好的方法"等，培养强烈的问题意识。通过这种日常的自我训练，可以提高观察能力和大脑灵活性。

②参加培养创新能力的培训班，学习一些创新理论和技法，建立"创新思维能够改变你的一生""方法就是力量""方法就是世界"的观念，经常做一做创造学家、创新专家设计的训练题，有利于提高创新思维能力。

③最重要的一点，积极参加创新实践活动，如发明、制作、科学实验、科学研究及论文写作等，尝试用创造性方法解决实践中的问题，在实践中培养和训练自己的创新能力。

锻炼创新能力，提高创新水平，除加强创新能力的培养和训练外，还要提高认识，从小培养动手的良好习惯。坚决克服重理论、轻实践，重书本、轻实际的主观偏向；坚决反对夸夸其谈、纸上谈兵的不良作风。要真正在头脑中树立实践第一的观点，要重实干、轻空谈；要允许创新者在创新实践中犯错误，尊重实干家的成绩，保护创新者的利益。

（三）综合创新训练的技法

创新技法即创新的技巧和方法，是以创新思维规律为基础，通过对广泛创新活动的实践经验进行概括、总结和提炼而得出的。下面介绍几种可操作性强、能够按照一定的方法、步骤实施的常用创新技法。

1. 设问法

设问法是围绕创新对象或需要解决的问题发问，然后针对提出的具体问题去研究将其解决的创新方法。其特点是强制性思考，有利于突破不善于思考提问的思维障碍；目标明确、主题集中，在清晰的思路下引导发散思维。

（1）5W2H 法

这种方法是围绕创新对象从七个方面去设问的方法。这七个方面的疑问用英文表示时，其首字母为 W 或 H，故归纳为 5W2H。

①Why（为什么）：为什么要选择该产品？为什么必须有这些功能？为什么采用这种结构？为什么要经过这么多环节？为什么要改进？……

②What（是什么）：该产品有何功能？有何创新？关键是什么？制约因素是什么？条件是什么？采用什么方式？……

③Who（谁）：该产品的主要用户是谁？组织决策者是谁？由谁来完成产品创新？谁被忽略了？……

④When（何时）：什么时候完成该创新产品？产品创新的各阶段怎样划分？什么时间投产？……

⑤Where（何地）：该产品用于何处？多少零件自制，其余到何处外购？什么地方有资金？……

⑥How to（怎样做）：如何研制创新产品？怎样做效率最高？怎样使该产品更方便使用？……

⑦How much（多少）：产品的投产数量是多少？达到怎样的水平？需要多少人？成本是多少？利润是多少？……

此种方法抓住了事物的主要特征，可根据不同的问题确定不同的具体内容，适用于技术创新中的全新型创新选题。

（2）和田法

和田法是我国的创造学者，根据上海市静安区和田路小学开展创造发明活动中所采用的技法总结提炼而成，共12种，下面分别简要介绍。

①加一加：可在这件东西上添加些什么吗？把它加大一些、加高一些、加厚一些，行不行？把这件东西和其他东西加在一起，会有什么结果？

②减一减：能在这件东西上减去什么吗？把它减小一些、降低一些、减轻一些，行不行？可以省略或取消什么吗？可以减少次数或时间吗？

③扩一扩：使这件东西放大、扩展会怎样？功能上能扩大吗？

④缩一缩：使这件东西压缩一下会怎样？能否折叠？

⑤变一变：改变一下事物的形状、尺寸、颜色、味道、时间或场合会怎样？改变一下顺序会怎样？

⑥改一改：这种东西还存在什么缺点或不足，可以加以改进吗？它在使用时是不是会给人带来不便和麻烦，有解决这些问题的办法吗？

⑦联一联：把某一事物与另一事物联系起来，能产生什么新事物？每件事物的结果，跟它的起因有什么联系？能从中找出解决问题的办法吗？

⑧学一学：有什么事物可以让自己模仿、学习一下吗？模仿它的形状或结构会有什么结果？学习它的原理技术又会有什么创新？

⑨代一代：这件东西有什么东西能够代替？如果用别的材料、零件或方法等行不

行？替代后会发生哪些变化？有什么好的效果？

⑩搬一搬：把这件东西搬到别的地方，它还能有别的用途吗？这个事物、设想、道理或技术搬到别的地方，会产生什么新的事物或技术？

⑪反一反：如果把一个东西、一件事物的正反、上下、左右、前后、横竖或里外颠倒一下，会产生什么结果？

⑫定一定：为了解决某一问题或改进某一产品，为了提高学习、工作效率，防止可能发生的不良后果，需要新规定些什么？制定一些什么标准、规章和制度？

和田法深入浅出、通俗易懂且便于掌握，被人们称为"一点通"。此方法适合各个领域的创新活动，尤其适合青少年开展的创新活动。

2. 创新的其他技法

创新的技法还有类比法、组合创新法、逆向转换法、列举法等。

第二节　基本技术技能

一、常用仪器仪表的使用

常用仪器仪表包括万用表、钳形表、绝缘电阻表、接地电阻表、电桥、场强仪、示波器、图示仪、电压比自动测试仪、继电保护校验仪、开关机械特性测试仪、局部放电测试仪、避雷器测试仪、地网接地电阻测量仪、直流高压发生器、智能介质损耗测试仪、智能高压绝缘电阻表、直流电阻测试仪、电缆故障检测仪、双钳伏安相位表、自动 LCR 测量仪、高压试验变压器、高压升压器、大电流升流器等。

作为一名电气工程师，无论你从事电气工程中的研发、制造、安装、调试、运行、检修、维护等何种工作，常用仪器仪表的使用是非常重要的，其目的主要有四点。

（1）检验或测试电气产品、设备、元器件、材料的质量。

（2）检验或测试电气工程项目的安装、制造质量及其各种参数。

（3）调整和试验电气工程项目的各种参数、自动装置及动作等。

（4）大型、关键、重要、贵重、隐蔽设施的检验、测试、调整、试验必要时要亲自进行，确保万无一失。

二、电气工程项目读图

电气工程项目的图样很多，从某种意义上讲，图样决定着工程项目的命运，特别是原理图、接口电路图、制作加工图、工程的平面布置图、接线图等尤为重要。

读图首先要把图读懂，更重要的是要读出图样中的缺陷和错误，以便通过正确的渠道去纠正或修改设计。但是，在工程实践中却不是这样。一些人过度依赖图样，或者由于经验、技术的匮乏而没有读出缺陷和错误，导致工程项目出现不同程度的损失。读图是电气工程中最重要的一步。图样是工程的依据，是指导人们安装的技术文件，同时，工程图样具有法律效力，任何违背图样的施工或误读而导致的损失对于安装人员来说要负法律责任。因此，对于电气安装人员要通过读图来熟悉图样、熟悉工程，并将其正确安装，这是不能含糊的，特别是对于初学者来说尤为重要，作为一名电气工作人员，首先必须要做到的就是这一点，任何时候、任何情况、任何条件下是绝对不能违背的。

因此，无论你从事电气工程项目的哪个专业，都必须学会读图，其目的主要有13点。

（1）掌握工程项目的工程量及主要设备、元器件、材料，编制预算或造价。

（2）掌握工程项目的分项工程，编制施工（研制）组织设计或方案，布置质量、安全、进度、投资计划，掌握工程项目中的人、机、料、法、环等环节，进行技术交底、安全交底及各种注意事项（包括应急预案、安全方案、环境方案等），确保工程项目顺利进度。

（3）掌握关键部位、重要部位、贵重设备或元器件、隐蔽项目等的安装或研制技术、工艺及注意事项。

（4）掌握工程项目中的调试重点，布置调试方案、准备仪器仪表及调试人员。

（5）编制送电、试车、试运行方案及人力需求，确保一次成功。

（6）掌握运行及维护重点，确保安全运行。

（7）掌握检修重点，安排检修计划及人力需求，确保系统安全运行。

（8）掌握工程项目元器件、设备的修理重点，编制修理方案，准备材料、工具及人员。

（9）掌握故障处理方法，熟悉各个部位、设备、元器件、线路等处理时的轻重缓急，避免事故扩大。

（10）布置安全措施、环保措施。

（11）收集、整理工程项目资料，建立工程项目技术档案。

（12）布置工程项目交工验收。

（13）向用户阐述工程项目重点部位、运行方法及注意事项、调整试验方法及参数，以及检修、修理、维护、安全、环保、故障处理等相关事宜，确保系统正常运行。

读图是工程项目中最重要的环节之一，是保证工程项目顺利进行，以及检测、修理、安全、环保、故障处理、维护的重要手段，也是提高技术技能、积累实践经验、向专家发展的必经之路，同时是通向研发、创新、通向高端技术的重要手段。

三、电力变压器及控制保护

电力变压器是电气工程中的电源装置，是重要的电气设备。由于用途的不同，其结构不同，电压等级也不同。最常用的变压器电压等级为 10/0.4 kV、35/10 kV、35/0.4 kV、110/35（10）kV，是工厂、企业、公共线路中常见的电源变压器。

电力变压器是静止设备，只向系统提供电源，其控制、保护装置较为复杂，特别是 35 kV 及以上的电力变压器更为复杂。电力变压器的控制一般由断路器控制，设置的保护主要有非电量保护（主要指气体、油温）、差动保护、后备保护（主要指过电流、负序电流、阻抗保护）、高压侧零序电流保护、过负荷保护、短路保护等。这些保护装置与断路器控制系统构成了复杂的二次接线并与微机接口，这部分内容是电力变压器及变配电所的核心技术。对于 10/0.4 kV 的变压器控制和保护较为简单，控制一般由跌落式熔断器或柜式断路器构成，保护一般只设短路保护、有的也增设过负荷保护。

电力变压器及控制保护要掌握以下内容。

（1）变压器的结构及其内部线圈的接法。

（2）变压器一次控制装置及其二次接线，主要有跌落式熔断器、断路器（少油、SF_6、真空、磁吹等）、负荷开关、高压接触器、接地开关、隔离开关等，及与其配套的高压柜等。

（3）变压器二次控制装置及二次接线，主要有断路器、熔断器、刀开关、换转开关、接触器及与其配套的低压柜等。

（4）继电保护装置及其二次接线，主要有差动保护装置、电流保护装置、电压保护装置、方向保护装置、气体保护装置、微机型继电保护及自动化装置等。

（5）变压器及其控制保护装置的选择、运行、维护、检修、修理、故障排除等。

（6）变压器的测试和试验并判定其质量的优劣。

（7）变压器试验项目、试验方法、试验用仪器仪表及具体要求。以下为电力变压器的试验项目。

①测量绕组连同套管的直流电阻。

②检查所有分接头的变压比。

③检查变压器的三相结线组别和单相变压器引出线的极性。

④测量绕组连同套管的绝缘电阻、吸收比或极化指数。

⑤测量绕组连同套管的介质损耗角正切值。

⑥测量绕组连同套管的直流泄漏电流。

⑦绕组连同套管的交流耐压试验。

⑧绕组连同套管的局部放电试验。

⑨测量与铁心绝缘的各紧固件及铁心接地线引出套管对外壳的绝缘电阻。

⑩非纯瓷套管的试验。

⑪绝缘油试验。

⑫有载调压切换装置的检查和试验。

⑬额定电压下的冲击合闸试验。

⑭检查相位。

⑮测量噪声。

四、常用电量计量仪表及接线

电量计量仪表主要有电流表、电压表、电能表、功率表、功率因数表和频率表。其中，电流表、电压表、电能表、功率因数表有交流、直流之分。电能表分有功、无功两种，结构上又有两元件、三元件之分。

电压表、电流表、电能表、功率因数表、频率表、功率表直接接入电路中较为简单，当高电压、大电流时，其必须经过互感器接入，接入时较为复杂。电能表的新型号表接线更为复杂。

电量仪表主要由电流线圈和电压线圈构成，其接线规则是相同的。这就是电流线圈（导线较粗、匝数较少）必须串联在电路中，电压线圈（导线较细、匝数较多）必须并联在电路中的原因。使用互感器时，电流互感器的一次是串联在电路中的，二次直接与表的电流线圈连接；电压互感器的一次是并联在电路中的，二次直接与表的电压线圈连接。

掌握电表的接线目的主要是监督操作人员是否接线正确，并及时纠正错误接线，避免发生事故或电表显示电量不正常。

五、常用电气设备、元器件、材料

常用电气设备包括变压器、电动机及其开关和保护设备，开关和保护设备又分高压、低压及保护继电器与继电保护装置。

元器件主要包括电子元器件和电力电子元器件，如半导体器件、传感元件、运算放大及信号器件、转换元件、电源、驱动保护装置及变频器等。

材料主要包括绝缘材料、半导体材料、磁性材料、光电功能材料、超导和导体材料、电工合金材料、导线电缆、通信电缆及光缆、绝缘子及安装用的各种金工件（角钢支架、横担、螺栓、螺母等）和架空线路金具、混凝土电杆、铁塔等。

（一）低压开关设备的选择应满足相应的条件

（1）低压断路器（俗称"空开"）的功能作用主要是接通和断开电气线路及电气设备（亦可带负荷操作），并具有短路保护、过负荷保护功能，兼用作欠电压、失电压保护。低压断路器是一种结构复杂、性能优良的开关元件，能瞬时切断短路电流，能延时切断过负荷电流，可远距离操作，取代了交流接触器、热继电器、熔断器的组合开关电路，操作安全，使用方便。低压断路器选择应考虑的条件如下。

①低压断路器的额定电压应大于或等于装置点的额定电压。

②低压断路器的额定电流应大于或等于装置点的计算电流。

③低压断路器脱扣器的额定电流应大于或等于装置点的计算电流。

④低压断路器的极限通断能力应大于或等于装置点的最大短路电流。

⑤线路末端单相对地短路电流与断路器瞬时或短延时脱扣器整定电流之比应大于或等于 1.25。

⑥低压断路器欠电压脱扣器额定电压应等于装置点的额定电压。

配电装置、电动机、照明及与其他相邻电器匹配的低压断路器选择方法各有不同，选用时应注意。

当与熔断器配合使用，容量较小的低压断路器或者低压断路器的断流能力小于计算短路电流时，宜用熔断器串联在断路器的电源侧，以弥补低压断路器断流能力小的缺陷，也避免了选用较大断流能力低压断路器的费用。

（2）接触器具有欠电压保护功能。

（3）刀开关有带速断装置和不带速断装置两种，带速断装置和装设熔断器的刀开关可接通和断开额定电流，熔断器切断短路电流；不带速断装置的刀开关只能切断电压，接通或断开负载的空载电流。

（4）熔断器的功能作用主要是保护电气系统的短路。当系统的冲击负荷很小或为零时，以及电气设备的容量较小或对保护要求不高时，宜兼用作过载保护。

当被保护的线路或设备发生短路故障时，熔断器的熔体会立即熔断，切断短路电流，保护了线路或设备。当被保护的线路或设备发生过载时，熔断器的熔体会延时熔断，切断过载电流，但是由于各种型号规格的熔断器延时特性不一致，设备及线路的过载能力也不同，使之延时特性与过载能力难以匹配。因此，一般熔断器只用作短路保护，而不用作过载保护。

熔断器的选择（包括其熔体的选择）应考虑以下几个条件。

①熔断器的电压等级必须大于或等于被保护线路或设备的电压等级。

②熔断器的额定电流应大于或等于所安装的熔体的额定电流。

③熔断器的类型应符合安装条件（室内或室外）及被保护设备和线路的技术要求。

④熔断器的分断电流必须满足安装地点短路电流计算值的需要。

⑤线路前后级的熔断器之间应有选择性的配合。

⑥熔体电流的选择则根据被保护装置的不同而选择方法不同。不同电气设备选用的熔丝其额定电流与电气设备的额定电流之比不同。

（5）低压继电器。

①电流继电器：瞬时动作的电流继电器可保护短路，延时动作的电流继电器可保护过载。电流继电器的调整实质是调节衔铁与铁心的距离，距离越大，动作的电流越大，动作时间越长；距离越小，动作电流越小，动作时间越短。

电流继电器亦可与电流互感器配合使用，不但可减小费用，还可避开继电器与大电流接触，为安全运行提供可靠条件。

②电压继电器：主要用于失电压或欠电压保护，各种起动器、低压断路器、接触器等低压电器的电压线圈均具有欠电压、失电压保护功能。

③时间继电器：时间继电器的种类很多，其原理也不同，共同点是其得电后或失电后，时间继电器的触点不是立即动作，而是经过一定的时间后断开或闭合。这样与其他电器配合，即可得到具有很多功能的电路，给电气控制和安全保护提供了很大的便利。

A. 与电流继电器配合，组成电动机起动时，起动冲击电流的过载不跳闸。

B. 用于电动机星三角启动电路中，自动完成星角切换。

C. 用于其他需要延时控制的电路。

④中间继电器：中间继电器的功能主要是增加控制系统辅助触点的数量及容量，完成同步、信号、报警等功能。

⑤断相保护继电器：断相保护器的种类也很多，其中一种是利用三只磁环线圈作为检测元件，其输出经桥式整流接电压继电器。当系统正常运行且对称平衡时，其输出电压经整流后，继电器吸合工作。当系统有一相断相（无电流），输出电压为零，继电器释放。该断相保护器可保护交流电动机或三相平衡负载的断相。

另一种利用负序电压原理，电动机运行正常时，负序电压过滤器中没有输出电压，继电器不动作。当断相后，出现负序电压，继电器动作，使电动机掉闸。

断相保护器一般只适用于负载平衡的系统。还有一种断相保护器是和热继电器设计在一起的。

⑥漏电继电器的种类很多，主要功能：当电路或电气装置绝缘不良，使带电部分与大地接触，引起人身伤害、损坏设备及火灾危险时，可将电源切断。

⑦温度继电器：测温元件可埋设在电气设备易发热的部位，当达到规定温度值时，继电器立即工作，其接点串接在电器的控制回路之中，即可将电源切断。可根据其控温范围及与被保护电气设备的最高温度相适应来选择温度继电器。有的温度继电器可

兼作为过载保护。

⑧热继电器与接触器配合，保护电动机过载，可调节过载电流值和延时时间。

⑨错相保护继电器：当规定相序接反时，保护系统不能起动，主要用于电梯或对相序要求极高的用电场所。

低压继电器的选择依据主要是电源电压及保护要求，有电压线圈的继电器，其电压线圈的额定电压必须与电源电压相符。

（6）电动机起动器，主要包括电磁起动器、自耦减压起动器、星三角起动器、电抗串联起动器、软起动器、变频起动器和频敏变阻起动器。

①电磁起动器仅适用 10 kW 及以下小型电动机的起动，且变压器容量应满足电动机起动电流，7 kW、10 kW 电动机应轻载起动。选用时，电磁起动器的额定电流应大于或等于电动机额定电流的 2 倍。

②自耦减压起动器适用于中载或重载笼型电动机的起动，当起动困难时，可把自耦变压器的抽头调到电压较高的抽头上。时间继电器的切换应在起动电流降至接近额定电流时或者转速达到额定转速的 80% 以上时动作。电动机起动时，应保证过负荷保护不动作。电动机起动时间过长或起动引起电动机温度升高很大时，应考虑减轻负荷起动，否则应更换起动转矩较大的电动机。选用自耦减压起动器时，自耦变压器起动电动机的容量应大于实际起动电动机容量一级。

③星三角起动器仅适用于轻负荷起动且为三角形联结的笼型电动机，容量较大或重负荷起动的电动机不适于用星三角起动器起动。时间继电器的切换及过负荷保护要求同自耦减压起动器。

④电阻串联起动器适用于中载或重载笼型电动机的起动，当起动困难时，可适当减小电阻或电抗。时间继电器的切换及过载保护要求同自耦减压起动器。电阻串联起动器的设置必须考虑电阻或电抗的散热问题。

⑤频敏变阻起动器适用于绕线转子电动机的起动，时间继电器的切换及过载保护要求同自耦减压起动器。选用频敏变阻起动器时，其起动电动机的容量应大于实际起动电动机容量一级。

⑥变频起动器适合于交流电动机的起动，选用变频起动器时，变频起动器的起动电动机的容量应大于实际起动电动机容量一级。

⑦软起动器的选择应注意电源的容量，相数及保护方式。电源容量应大于该回路负载容量的需要。

（二）元器件

电气工程中常用的电子或电力电子元器件主要有容量较大的整流二极管和晶闸管，温敏二极管、磁敏二极管、力敏二极管、气敏二极管、光敏二极管、湿敏二极管等敏感元件，光敏电阻、热敏电阻、磁敏电阻及压电元件等传感元件，各种功能的集成电路板，如放大电路、运算电路、信号处理电路、信号发生电路、A/D 转换器等。

其中，整流二极管、晶闸管是在维修电力电子设备时常需更换的易损坏元器件，敏感元件、传感元件主要用在设计自动检测和控制电路中。

选用电子或电力电子元器件时要注意以下几点。

（1）额定电压和额定电流必须与设计或原设备匹配。

（2）敏感元件、传感元件的参数应与被测环境吻合。

（3）集成电路板的功能应与检测电路匹配，两电路的电源应一致。

（4）更换元器件时必须保证与电源电压的统一。

（5）元器件选定后应进行检测，确保其与原电路的一致性。检测应符合规范要求。

（6）禁止使用无铭牌的元器件。

（7）元器件的散热条件应与使用环境相符。

（8）元器件对磁场、电场的要求应与使用环境相符。

（三）电工材料

电气工程中使用的电工材料很多，主要有绝缘材料、导线及电缆、通信电缆及光缆、绝缘子、其他材料等。

1. 绝缘材料

绝缘材料有气态的、液态的和固态的，主要是用来防止导电元件之间、不同电位之间、不同带电体之间导电的材料。绝缘材料是在允许电压下不导电的材料，不是绝对不导电的材料，在一定外加电场强度作用下或超过最高允许电压时，也会发生导电、极化、损耗及被击穿等，同时，任何一种绝缘材料当长期承受允许电压使用时，都会发生老化、变质或损坏。

选用绝缘材料时主要考虑以下几点。

（1）使用条件应与绝缘材料的状态相符。

（2）使用环境温度应与其耐热等级相符。

（3）被绝缘的电压应与其击穿强度相符。

2. 导线及电缆

导线有裸导线和有绝缘外护层的绝缘导线之分。裸导线主要用于架空线路，绝缘导线主要用于低压配电系统，供照明、动力、信号、控制、仪表及设备用。电缆有高压和低压之分，芯数有一芯、二芯、三芯、四芯、五芯之分，其外层绝缘有十余种。

导线、电缆的线芯材质主要有铜、铝之分，裸导线为了加强其拉力，在其铝线芯内配以钢芯称之为钢芯铝绞线。

此外，还有特殊用途的导线，如电磁线等，适用于不同场所的使用。

选用导线、电缆时主要考虑以下几点。

（1）导线、电缆的最大允许电流应大于负载的电流。

（2）导线、电缆的额定电压应大于负载的最高电压。

（3）导线、电缆敷设的环境温度应小于其长期使用的工作温度。

（4）导线、电缆的最大允许拉力（拉断力）应大于架设后最大实际拉力。

3. 通信电缆及光缆

通信电缆主要用于电话、电视、电报、广播、数据、传真等；光缆主要用于公共通信网和专业通信网的通信设备装置中，在电子信息网络中有很大用途。

选用通信电缆、光缆时应主要考虑以下几点。

（1）线芯对数应满足需要。

（2）敷设环境应与其特征相符。

（3）架空敷设时，最大允许拉力应大于架设后最大实际拉力。

光缆的敷设必须使用专用的光缆展发器，并随时观测拉力计；光缆的连接必须使用光缆接线仪；光缆敷设使用的支持金属配件必须使用与其配套供应的元件。

4. 绝缘子

绝缘子主要是支撑导线、母线及其他带电体的，起绝缘作用，其型号、规格很多，有高压、低压之分。

绝缘子的选用主要考虑以下几点。

（1）绝缘子额定电压应不小于带电体的最高电压。

（2）绝缘子额定弯曲破坏力应大于短路时合力的最大值。

（3）使用环境应适合绝缘子结构特点，污秽地区、海盐区、沙漠区应正确选用绝缘子伞裙和爬电距离。

5. 其他材料

主要有金工件、金具、电杆铁塔及附件、管材、型钢、板材等，其规格、型号、用途众多，在电气工程安装、维修、修理上应用广泛。

金工件主要指铁支架、预埋铁件等，制作时应注意几何尺寸和材质的质量。其他材料的选用必须注意其机械强度、材质、规格。

金具主要指架空线路中，杆头、塔顶结构使用的金具构件和材料，选用时应与结构配套；管材有钢管和塑料管之分，机械强度较高的地方应使用钢管，腐蚀性强的场所应使用塑料管；型钢有角钢、槽钢和工字钢，角钢主要用于支架，槽钢和工字钢主要用于设备底座及线缆桥架的支撑。

选择架空线路杆塔及附件时，主要考虑安装环境条件及导线拉力等因素，环境条件主要有地质情况和气候条件，如风、雨、雪、雷暴等，机械强度、杆塔基础、档距、垂度、避雷线、接地电阻等也是必须要考虑的因素。

第三节 通用技术技能

一、通用技术技能的内容

通用技术技能主要是掌握工程项目的设计、读图、安装、调试、检测、修理及故障处理等内容，具体如下。

（1）照明设备及单相电气设备、线路。

（2）低压动力设备及低压配电室、线路（其中最主要的是三相异步电动机及其起动控制设备）。

（3）低压备用发电机组。

（4）高低压架空线路及电缆线路。

（5）10 kV、35 kV 变配电装置及变电所（其中最主要的是电力变压器及其控制保护装置）。

（6）防雷接地技术及装置。

（7）自动化仪表及自动装置。

（8）弱电系统（专指火灾报警、通信广播、有线电视、保安防盗、智能建筑、网络系统）。

（9）微电系统（专指由 CPU 控制的系统或装置）。

（10）特殊电气及自动化装置等。

二、电气工程的设计

电气工程师应对电气工程的设计应掌握以下内容。

（1）电气工程设计程序技术规则。

（2）工业车间及生产工艺系统的动力、照明、生产工艺及电动机控制过程的设计。

（3）自动化仪表应用工程、过程控制的自动化仪表工程设计。

（4）35 kV 及以下变配电所的设计。

（5）35 kV 及以下架空线路的设计。

（6）建筑工程电气设计，包括动力、照明、控制、空调电气、电梯等。

（7）弱电系统的设计，包括火灾报警、通信广播、防盗保安、智能建筑弱电系统等。

（8）编制工程概算。

（9）主要设备、元件及材料。

（10）工程现场服务、解决难题。

三、电气工程设计程序与技术规则

电气工程设计是一项复杂的系统工程，会遇到工程项目较大、电压等级较高、控制系统复杂、强电和弱电交融、变压器及电动机容量较大、生产工艺复杂等情况，或者是采用的新设备、新材料、新技术、新工艺较多时，更凸显其复杂和难度。

为了保证电气工程设计的质量和造价、环保节能、系统的功能和安全及建成投入使用后的安全运行等，从事电气工程设计的单位/个人必须遵守电气工程设计程序技术规则。

电气工程设计程序与技术规则分以下几部分内容。

（一）设计工作技术管理

（1）电气工程设计必须符合现行国家标准规范的要求并按已批准的工程立项文件（或建设单位的委托合同）及投资预算/概算文件进行。

（2）承接电气工程的设计单位必须是取得国家建设主管部门或省级建设主管部门核发的相应资质的单位；电力工程设计还必须取得国家电力主管部门和建设主管部门核发的相应资质许可证。无证设计、越级设计是违法行为。

（3）电气工程设计、电力工程设计选用的所有产品（如设备、材料、辅件等）的生产商必须是取得主管部门核发的生产制造许可证的单位，其产品应有型式试验报告或出厂检验试验报告、合格证、安装使用说明书，无证生产是违法行为。设计单位推荐使用的产品不得以任何形式强加于建设单位和安装单位。

（4）设计单位对其选用的产品必须注明规格、型号，若有代用产品的应写明代用产品的规格、型号。

（5）承接电气工程设计的单位中标或接到建设单位的委托书后应做好以下工作。

①组织相应的技术人员、设计人员审核或会审标书或委托书，提出意见和建议，并由总设计师汇总，以便确定设计方案。

②确定结构、土建、给排水、采暖通风、空调、电力、电气、自动化仪表、弱电、消防、装饰等专业的设计主要负责人，并由其组织设计小组，同时进行人员分工。人员的使用要注重其能力和工作态度，职业道德等。

③各设计小组负责人通过座谈来相互沟通，对各专业设计交叉部分进行确认，并确定设计思路，达成共识，提交总设计师。

④由总设计师确定设计方案，并下发各专业设计小组。各组应及时反馈设计信息，变更较大的必须通知其他相应小组，并由总设计师批准。

⑤凡是涉及土建工程的电气工程，电力工程其结构、土建、装饰设计小组应先出图，确保进度。

⑥由总设计师组织设计交底，向建设单位、主管部门详细交代设计思路和设计方案，征得意见和建议，最后达成一致性的意见。

⑦建立项目设计质量管理体系，确定监督程序和方法，确保设计质量。

⑧编制项目设计进度计划，确保建设单位设计期限要求。进度计划要在保证设计质量的前提下编制。

⑨对设计中使用的设备进行测试或调整，确保设计顺利进行并备份。

⑩召开项目设计组织协调及动员大会，责任要到人、进度要明确、质量必须保证，同时要求后勤部门要做好服务及供应工作。

（二）现场勘察

1. 电气工程现场勘察

电气工程现场勘察主要是勘察电源的电压等级、进户条件、进户距离等，并根据其结果确定是否设置变压器、架空引入/电缆引入，以及防雷保护等。

另外，还有通信线路的进户条件、进户距离等，并根据其结果确定是否设置进户接线箱、架空引入/电缆引入及其防雷保护等。

2. 电力工程现场勘察

电力工程现场勘察主要是勘察电源的电压等级及容量、送电的距离及容量、送电路径的地理、气候、环境及自然保护的状况等，并根据其结果确定变电所的位置及设置、变压器的台数及容量、输电线路的线径及杆型、防雷保护等。

（三）项目设计过程控制及管理

（1）设计人员在项目设计的全过程中，必须遵照国家标准设计规程和项目设计方案的要求进行设计，对设计方案有更改时，必须经过总设计师批准。

（2）电气工程设计可按工程量、设计期限、技术人员数量等因素进行分组设计，以保证设计质量和进度计划。

（3）专业分组必须分工明确，接口部分要协作、信息要沟通，要建立相互督察制度，确保设计质量。

（4）各组每天统计进度，每周举行进度调整会，相应增加人员或加班，确保周计划完成；每月举行调度会，汇总进度情况，做出相应调整。

（5）健全图样会审、会签制度。专业小组负责人应对质量、进度负责，做好自查。图样会审应公开公正，会签应认真负责。

（6）图样会审应统计设计概算，包括设备材料在内不得超过项目投资预算/概算。设计人员在选型时应考虑工程造价，但必须保证功能和安全。关键设备、重要设备应选用优质产品。

（7）图样一律使用仿宋体汉字，必须标注外文时，必须采用标准字体。

（8）设计人员应经常深入到工地现场，熟悉电气工程的实际情况，掌握关键部位、重要部位、隐蔽部位的常用安装技术和方法，以便绘制图样时更为符合实际、更为准确，尽量减少图样变更和修改，杜绝设计失误和漏洞。

（9）专业小组进行图样互查时，要对关键设备和部位、重要设备和部位、隐蔽设备和部位详细复核审查，不得敷衍了事，避重就轻。

（10）设计中出现的一些问题应及时与各专业组、总设计师、建设单位沟通协商解决，不留死角。与建设单位沟通协商时应有详尽记录，并由双方签字。

（11）对于一些常规的工程设计，如设计标准图册中有样图时，应尽量采用标准图样，但对设备、元件、材料的参数，必须重新核算，不得全部照搬。

（12）设计中应采用节约的原则，但又必须保证用户的功能和要求。

（13）设计中应尽量采用新技术、新工艺、新设备、新材料（"四新"），在采用"四新"时，四新应有经实践、实例证明是正确无误的，避免引起不必要的纠纷和麻烦。

（14）设计应具有创新性，避免循规蹈矩和闭门造车。

（四）项目设计的实施及管理

1. 电气工程

（1）熟悉设计方案，掌握各专业设计交叉部位的设计规定。

（2）熟悉土建和结构设计图样，掌握建筑物墙体地板、开间设置、几何尺寸、梁柱基础、层数层高、楼梯电梯、窗口门口及变配电间及竖井位置等设置。

（3）按照土建工程和设备安装工程的设计图样和使用条件确定每台用电器（电动机、照明装置、事故照明装置、电热装置、动力装置、弱电装置及其他用电器）的容量、相数、位置、标高、安装方式，并将其标注在土建工程平面图上。

（4）以房间、住户单元、楼层、车间、公共场所为单位，确定照明配电箱、起动控制装置、开关设备装置、配电柜、动力箱、各类插座及照明开关元件等的相数、回路个数、安装位置、安装方式、标高，并将其标注在图上。

（5）确定电源的引入方式、相数、引入位置、第一接线点，并将其标注在图上。

（6）按照各类用电器的容量及控制方式来确定各个回路、分支回路、总回路和电源引入回路导线、电缆、母线的规格、型号、敷设方式、敷设路径、引上及引下的位置及方式，并将其标注在图上。

（7）计算每个房间、住户单元、楼层、车间、公共场所的用电容量，确定照明配电箱、起动控制装置、开关设备装置、配电柜、动力箱、各类插座及照明开关元件的容量、最大开断能力、规格型号，并将其标注在图上。

（8）计算同类用电负荷的总容量，进而计算总用电负荷的总容量，确定电源的电压等级、相数、变压器/进线开关柜（箱）的容量、台数及继电保护方式。

（9）确定变压器室的平面布置、配电间的平面布置、引出引入方式及位置，确定接地方式。

（10）画出供配电系统图，标注各种数据，说明设计计算系数、调整试验测试参数等。

（11）写出设计说明、安装要求、主要材料、设备规格型号及数量一览表，列出电缆清册、图样目录。

（12）绘制初步设计草图，为图样会审、会签、汇总提供成套图样，并按会审、会签、汇总提出的意见和建议修改初步设计，最后绘制成套设计图样。

（13）汇总交付的其他图样。

①当电动机或其他控制系统较为复杂时，应绘制电气控制原理图，必要时应绘制方框图、展开图和结线图。

②对特殊部位或安装要求较高、标准图册未涉及的安装部件或装置，应绘制安装大样图。

③当特殊控制或成品控制柜未有的品种时，以及需安装单位加工制作或委托加工时，应绘制加工图，如控制屏、开关柜（箱）盘面布置图和结构图。

④其他必须用图样表示的图样。

（14）电气工程图样：主要有系统图、平面图、控制原理图、接线图、展开图、方框图、安装大样图、控制屏（柜、箱、台）盘面布置图、剖面图、立面图、电缆清册、图例、设备元件材料汇总表、设计说明书和计算书等。

2. 弱电工程

（1）同"电气工程"第（1）条。

（2）同"电气工程"第（2）条。

（3）按照土建工程和设备安装工程提供的图样和设计方案的要求确定弱电元件（探测器、传感器、执行器、弱电插座、电源插座、音响设备安装支架、验卡器等）规格型号、位置、标高、安装方式等，并将其标注在以房间、住户单元、楼层楼道、车间、公共场所为单位的土建工程提供的建筑物平面图上。

（4）按上述单位及元件布置确定弱电控制箱、控制器的位置、标高、安装方式，并将其标注在平面图上。

（5）按照各类弱电元件及装置的布置，确定各个回路、分支回路、总回路导线/电缆的规格型号、敷设方式、敷设路径、引上及引下的位置及方式，并将其标注在平面图上。

（6）统计每个房间、住户单元、楼层楼道、车间、公共场所的弱电元件，确定其控制箱、控制器的容量、规格、型号，并将其标注在平面图上。

（7）确定控制室的平面布置、线缆引入引出方式及位置，确定接地方式。

（8）画出各个弱电系统的系统分布图、标注各种数据，如设计选用系数、调整试验测试参数等。

（9）写出设计说明、安装调试要求、主要材料、元件设备型号、规格数量一览表，列出电缆清册、图样目录。

（10）绘制初步设计草图，为图样会审、会签、汇总提供成套图样，并按会审、会签、汇总提出的意见和建议修改初步设计，最后绘制成套设计图样。

（11）其他参见"电气工程"的第（13）至（14）条。

（12）弱电系统设计细则。弱电系统主要包括通信网络、办公自动化、建筑设备监控、火灾自动报警、安全防范、综合布线、智能化集成，以及电源与接地、环境与照明、住宅智能化等系统。

3. 自动化仪表工程

（1）同"电气工程"第（1）条。

（2）同"电气工程"第（2）条。

（3）按照土建工程、设备安装工程提供的图样、设计方案要求及建设单位工艺程序控制要求，确定项目设计应设置的自动化仪表的类别（温度、压力、流量、物位、机械量、成分分析、电量及其他特殊仪表等）、仪表的类型（常规、智能）、系统的调节控制方式（传统、微机）及有无仪表控制室等。

（4）在工艺装备图上确定检测点，并用规定的英文字母标注出仪表装置的用途和功能。

（5）汇总系统测量类别、被测介质、取样装置的安装位置，确定测量系统所用的导线及导管、就地安装的仪表及变送器、控制室盘柜等，按此绘制系统导管电缆连接图。

（6）绘制仪表控制盘布置图和结构图，并列出设备元件表。

（7）绘制仪表及控制元件的接线图，接线图是保证仪表及其配套装置能够正确显示、记录、调节控制、报警等功能的图样，并与电气系统的二次回路有着错综复杂的联系，构成完整的控制系统。接线图是按其显示、记录、调节、控制、报警等功能绘制，标准图册中一般都有标准接线图，可直接采用。若有个别控制调节功能的，也应另行绘制。

（8）确定控制室的平面布置、线缆引入引出方式及位置，确定接地方式。

（9）绘制仪表及线缆主通道布置图。

①确定仪表、变送器、执行器、放大器、供电箱、保温箱、补偿器等与仪表关联装置在建筑平面图及各层中的位置标高及安装方式；

②确定双层桥架在平面图中的位置、标高、安装方式、引上、引下位置，桥架应选择最佳途径，使其能将线缆导管引至仪表装置处且便于连接；

③列出电缆清册。

（10）写出设计说明、安装调试要求、主要调试参数、主要材料、设备、元件型号、规格、数量一览表、导管线缆清册，主要设计依据，图样目录。

（11）绘制初步设计草图，为图样会审、会签、汇总提供成套图样，并按其提供的意见和建议修改初步设计，最后绘制成套设计图样。

4. 电力线路工程

（1）按照线路勘察测量结果确定线路路径、起始及终点位置、耐张段、百米桩、转角等，并将其标注在地形地貌的平面图上，该图即线路路径图。路径图应标注路径的道路、河流、山地、村镇、换梁及交叉、跨越物等。

（2）绘制平/断面图

①确定主方向桩，主方向桩的距离是按地形地貌的实际情况决定的，地势平坦桩距 $300 \sim 500$ m，地势凹凸严重或转角桩的桩距一般为几十米。直线桩用 Z_n 表示，转角桩用 j_n 表示，n 为 1，2，…，n。

②按照主方向桩确定断面图，表示杆塔的侧面及导线的状态、档距、坡度及高差等。地势平坦档距为 $150 \sim 250$ m，地势凹凸严重或有转角时可为 $50 \sim 60$ m，转角桩处必须有转角杆塔。

③按照路径图、方向桩和断面图的基础来确定平面图，从始点到终点的杆（塔）型、路径物或跨越物、杆塔基础位置、杆塔序号、档距、耐张段、标志高、转角塔杆转角度数等重要参数。

④探明地质情况。

⑤将上述情况列出明细表。

⑥绘制平/断面图。

（3）按照档距、气候条件、输送电流容量、耐张段距离等确定导线的规格、型号，画出导线机械特性曲线图。

（4）按照档距、气候条件、电流容量、耐张段距离、导线规格型号、断面图参数确定直线杆（塔）、耐张杆（塔）、转角杆（塔）的杆（塔）型，并画出杆（塔）结构图。

（5）按照上述条件确定杆（塔）的基础结构，并画出基础结构图，列出材料一览表。

（6）绘制拉线基础组装图、导线悬挂组装图、避雷线悬挂组图、避雷线接地组装图、抱箍及部件加工图、横担加工图等。

（7）写出设计说明、安装要求、主要材料、设备规格型号及数量一览表。

（8）绘制初步设计草图，为图样会审、会签、汇总提供成套图样，并按会审、会签、汇总提出的意见和建议修改初步设计，最后绘制成套设计图样。

5. 变电配电工程

（1）按照电力工程现场勘察的结果及建设单位提供的条件和资料，初步确定变电配电所的位置、设置、变压器容量与台数、电压等级、进户及引出位置及方式等，并按此向土建结构设计小组提供平面布置草图、相关数据、变压器、各类开关及开关柜、屏幕的几何尺寸及重量等。其中，变配电所的布置可按地理环境实况及土地使用条件采用室外、室内、多层等不同布置方式。

（2）土建结构设计按（1）的条件和要求进行变配电所土建工程设计，并将设计方案或草图与电力工程设计小组沟通、协商，达成一致性意见，然后出具正式土建工程图。

（3）绘制变配电所主结线图。

（4）绘制变配电所平面布置图（室内、室外、各层）。

（5）确定各类设备元件材料及母线的规格、型号、安装方式、调试要求及参数。

（6）确定变配电所二次回路及继电保护方式（传统继电器、微机保护装置），绘制二次回路各图样，包括接线。

（7）绘制防雷接地平面图，编制接地防雷要求。

（8）绘制照明回路图及维修间电气图。

（9）编制设计说明、安装要求、绘制设备安装图、加工制作图、电缆清册、设备元件材料一览表。

（10）编制设计依据，调整试验参数等。

（11）绘制初步设计草图，为图样会审、会签、汇总提供成套图样，并按其提出的意见和建议修改初步设计，最后绘制成套图样。

四、电气工程交验程序要点

（一）一般规定

（1）施工项目竣工验收的交工主体应是承包人或安装单位，验收主体应是发包人或建设单位。

（2）竣工验收的施工项目必须具备规定的交付竣工验收条件或合同规定。

（3）竣工验收阶段管理应按下列程序依次进行。

①竣工验收准备。

②编制竣工验收计划。

③组织现场验收。

④进行竣工结算。

⑤移交竣工资料。

⑥办理交工手续。

（二）竣工验收准备

（1）项目经理应全面负责工程交付竣工验收前的各项准备工作，建立竣工收尾小组，编制项目竣工收尾计划并限期完成。

（2）项目经理和技术负责人应对竣工收尾计划执行情况进行检查，并对重要部位做好检查记录。

（3）项目经理部应在完成施工项目竣工收尾计划后，向企业报告，提交有关部门进行验收。实行分包的项目，分包人应按质量验收标准的规定检验工程质量，并将验收结论及资料交承包人汇总。

（4）承包人应在验收合格的基础上，向发包人发出预约竣工验收的通知书，说明拟交工项目的情况，商定有关竣工验收事宜。

（三）竣工资料

（1）承包人应按竣工验收条件的规定，认真整理工程竣工资料。

（2）企业应建立健全竣工资料管理制度，实行科学收集，定向移交，统一归口，便于存取和检索。

（3）竣工资料的内容应包括工程施工技术资料、工程质量保证资料、工程检验评定资料、竣工图，以及规定的其他应交资料。

（4）竣工资料的整理应符合下列要求。

①工程施工技术资料的整理应始于工程开工，终于工程竣工，真实记录施工全过程，可按形成规律收集，采用表格方式分类组卷。

②工程质量保证资料的整理应按专业特点，根据工程的内在要求进行分类组卷。

③工程检验评定资料的整理应按单位工程、分部工程、分项工程划分的顺序进行分类组卷。

④竣工图的整理应区别情况，按竣工验收的要求组卷。

（5）交付竣工验收的施工项目必须有与竣工资料目录相符的分类组卷档案。承包人向发包人移交由分包人提供的竣工资料时，检查验证手续必须完备。

（四）竣工验收管理

（1）单独签订施工合同的单位工程，竣工后可单独进行竣工验收。在一个单位工程中满足规定交工要求的专业工程，可征得发包人同意，分阶段进行竣工验收。

（2）单项工程竣工验收应符合设计文件和施工图样要求，满足生产需要或具备使用条件，并符合其他竣工验收条件要求。

（3）整个建设项目已按设计要求全部建设完成，符合规定的建设项目竣工验收标准，可由发包人组织设计、施工、监理等单位进行建设项目竣工验收，中间竣工并已办理移交手续的单项工程，不重复进行竣工验收。

（4）竣工验收应依据下列文件。

①批准的设计文件、施工图样及说明书。

②双方签订的施工合同。

③设备技术说明书。

④设计变更通知书。

⑤施工验收规范及质量验收标准。

⑥外资工程应依据我国有关规定提交竣工验收文件。

（5）竣工验收应符合下列要求。

①设计文件和合同约定的各项施工内容已经施工完毕。

②有完整并经核定的工程竣工资料，符合验收规定。

③有勘察、设计、施工、监理等单位签署确认的工程质量合格文件。

④有工程使用的主要建筑材料、构配件和设备进场的证明及试验报告。

（6）竣工验收的工程必须符合下列规定。

①合同约定的工程质量标准。

②单位工程质量竣工验收的合格标准。

③单项工程达到使用条件或满足生产要求。

④建设项目能满足建成投入使用或生产的各项要求。

（7）承包人确认工程竣工、具备竣工验收各项要求，并经监理单位认可签署意见后，向发包人提交"工程验收报告"。发包人收到"工程验收报告"后，应在约定的时间和地点，组织有关单位进行竣工验收。

（8）发包人组织勘察、设计、施工、监理等单位按照竣工验收程序，对工程进行核查后，应做出验收结论，并形成"工程竣工验收报告"，参与竣工验收的各方负责人应在竣工验收报告上签字并盖单位公章。

（9）通过竣工验收程序，办完竣工结算后，承包人应在规定期限内向发包人办理工程移交手续。

（五）竣工结算

（1）"工程竣工验收报告"完成后，承包人应在规定的时间内向发包人递交工程竣工结算报告及完整的结算资料。

（2）编制竣工结算应依据下列资料。

①施工合同。

②中标投标书的报价单。

③施工图及设计变更通知单、施工变更记录、技术经济签证。

④工程预算定额、取费定额及调价规定。

⑤有关施工技术资料。

⑥工程竣工验收报告。

⑦工程质量保修书。

⑧其他有关资料。

（3）项目经理部应做好竣工结算基础工作，指定专人对竣工结算书的内容进行检查。

（4）在编制竣工结算报告和结算资料时，应遵循下列原则。

①以单位工程或合同约定的专业项目为基础，应对原报价单的主要内容进行检查和核对。

②发现有漏算、多算或计算误差的，应及时进行调整。

③多个单位工程构成的施工项目，应将各单位工程竣工结算书汇总，编制单项工程竣工综合结算书。

④多个单项工程构成的建设项目，应将各单项工程竣工综合结算书汇总，编制建设项目总结算书，并撰写编制说明。

⑤工程竣工结算报告和结算资料，应按规定报企业主管部门审定，加盖专用章，在竣工验收报告获得相关认可后，在规定的期限内递交发包人或其委托的咨询单位审

查。承发包双方应按约定的工程款及调价内容进行竣工结算。

⑥工程竣工结算报告和结算资料递交后，项目经理应按照"项目管理目标责任书"规定，配合企业主管部门督促发包人及时办理竣工结算手续。企业预算部门应将结算资料送交财务部门，进行工程价款的最终结算和收款。发包人应在规定期限内支付工程竣工结算价款。

⑦工程竣工结算后，承包人应将工程竣工结算报告及完整的结算资料纳入工程竣工资料，及时归档保存。

第四节　电气系统安全运行技术

电气系统安全运行技术是电气工程及自动化工程的中心技术，电气系统的不安全运行将会给系统带来不可估量的损失和危害。保证电气系统的安全是电气工程中最重要的职责。

一、保证电力系统及电气设备安全运行的条件

（1）电气工程设计技术的先进性及合理性是保证电力系统及电气设备安全运行的首要条件，其中方案的确定、负荷及短路电流计算、设备元件材料选择计算、继电保护装置的整定计算、保安系统的计算、防雷接地系统的计算及设计等均应采用先进技术并应具有合理性。

（2）设备、元件、材料的质量及可靠性是保证电力系统及电气设备安全运行的重要条件之一，设备、元件、材料的购置应根据负荷级别及其在系统中的重要程度选购，一级负荷及二、三级负荷中的重要部位、关键部件应选用优质品或一级品，二、三级负荷的其他部件至少应选用合格品，任何部件及部位严禁使用不合格品。严禁伪劣产品进入电气工程，是保证安全运行的重要手段。

（3）安装调试单位的资质及其作业人员的技术水平和职业道德是保证电力系统及电气设备安全运行的重要条件之一，安装调试应按国家技术监督局与住房和城乡建设部联合发布的国家标准《电气装置安装工程施工及验收规范》进行并验收合格，其中一级负荷及二、三级负荷中的关键部位，重要部件应由建设单位、设计单位、安装单位、质量监督部门、技术监督部门及其上级主管部门的专家联合验收合格，涉及供电、邮电、广播电视、计算机网络、劳动安全、公安消防等部门的工程，必须由其及上级主管部门的有关专家参加联合验收。验收应对其工程总体评价并送电试车或试运行。其他负荷级别的工程，根据工程大小，由设计单位、建设单位、安装单位及质量监督

部门验收合格。电气工程应委托监理，小型工程可托派有实际经验的人作为驻工地代表，监督安装的全过程，这是保证安装质量的最可靠、有效的办法。

（4）运行维护技术措施的科学性及普遍性是保证电力系统及电气设备安全运行的必要条件之一，是保证安全运行的关键手段。运行维护技术措施主要是要落实在"勤""严""管"三个字上的。"勤"是指勤查、勤看、勤修，以便及时发现问题及隐患，并及时处理，使其消灭在萌芽中；"严"是指严格执行操作规程、试验标准，并有严格的管理制度；"管"是指有一个强大的权威性的组织管理机构和协作网，以便组织有关人员做好运行维护工作。

（5）作业人员的技术水平（包括安全技术）、敬业精神、职业道德及管理组织措施是保证电力系统及电气设备安全运行的必要条件之一，是保证安全运行的关键因素。周密严格的管理组织措施是作业人员及安全工作的总则，对作业人员应有严格的考核制度及办法，并有严明的奖惩条例，作业人员个个钻研技术，人人敬业爱业，能保证安全运行，万无一失。

（6）全民电气知识的普及和安全技术的普及性是保证电力系统及电气设备的安全运行的社会基础。普及用电知识和安全用电技术，使人人都掌握电气常识就更为重要。只有人人都具备了一定的电气知识，并掌握一定的安全用电常识，电力系统及电气设备的运行也就越安全，同时人人能发现事故隐患、及时报告、及时处理，电气系统就能安全稳定运行。

（7）发电系统和供电系统的安全性、可靠性及供电质量是保证电力系统及电气设备安全运行的基础，同时发电供电系统自身的安全运行也有上述六点要求，这样发电供电系统就尤为重要了。发电供电系统的安全性及可靠性是由设计、安装、设备材料、运行维护决定的，同时决定着电压、频率、波形，这对用电单位是至关重要的，也就是说，只有发电系统安全、可靠，电压质量得到保证，才能使用电单位正常用电。供电线路的机械强度、导电能力及防雷等对用电单位也是至关重要的，也是供电部门必须保证的。

综上所述，电气系统的安全运行因素是多方面的，并且是缺一不可的，同时各方面的联系也是紧密不可分的，只有这些条件都具备的时候，电气系统才能安全运行。

二、电气系统安全运行技术主要内容

（1）高压变配电装置。主要包括安全运行基本要求、巡视检查项目内容及周期、停电清扫项目内容及周期、停电检修项目内容及周期、预防性测试项目内容及周期、变配电装置事故处理方法及注意事项等。

（2）电力变压器。主要包括变压器安全运行基本要求，巡视检查项目内容及周期、主要监控项目内容、检修项目内容及周期标准、试验项目内容及周期、异常运行及故障缺陷处理方法，以及互感器、消弧线圈、变压器运行注意事项等。

（3）高压电气设备、电容器、电抗器运行注意事项及其检查、清扫、检修、试验的项目内容及周期等。

（4）低压配电装置及变流器、变频器。运行注意事项及其巡检、清扫、检修、试验项目内容及周期等。

（5）电动机。主要包括安全运行及起动装置的基本要求条件，巡检、检修、试验项目内容及周期，异常运行及故障缺陷处理方法、主要测试项目及方法，起动装置、电动机正确选择方法等。

（6）工作条件及生产使用环境对电气设备型号、容量、防护等级的要求等。

（7）继电保护二次回路、自动装置、自动控制系统的安全运行基本条件要求，巡视检查、校验调整项目内容及周期，异常运行及事故处理方法，安全运行注意事项等。

（8）架空线路、电缆线路、低压配电线路的安全运行条件、基本要求，巡检、检修、维护的项目内容及周期，不同季节对线路的安全工作要求等。

（9）特殊环境（指易燃、易爆、易产生静电、易化学腐蚀、潮湿、多粉尘、高频电磁场、蒸气，以及建筑工地、矿山井下等与常规环境有明显不同的环境）电气设备及线路的安全运行技术及管理等。

（10）机械设备、电梯、家用电器及线路、弱电系统、自动化仪表及其他用电装置安全运行技术及管理等。

第五节　电气工程安全技术

一、电气安全管理措施和技术措施

电气安全管理措施又分为管理措施、组织措施和急救措施三种。其中管理措施主要有安全机构及人员设置，制订安全措施计划，进行安全检查、事故分析处理、安全督察、安全技术教育培训，制定规章制度、安全标志，以及电工管理、资料档案管理等。

组织措施主要是针对电气作业、电工值班、巡回检查等进行组织实施而制定的制度。

急救措施主要是针对电气伤害进行抢救而设置的医疗机构、救护人员及交通工具等，并经常进行紧急救护的演习和训练。

技术措施包括直接触电防护措施、间接触电防护措施，以及与其配套的电气作业安全措施、电气安全装置、电气安全操作规程、电气作业安全用具、电气火灾消防技术等。

电气安全管理措施和技术措施是密切相关、统一而不可分割的。电气事故的原因有很多，有时也很复杂，如设备质量低劣、安装调试不符合标准规范要求、绝缘破坏而漏电、作业人员误操作或违章作业、安全技术措施不完善、制度不严密、管理混乱等都会造成事故发生，这里面有组织管理的因素，也有技术的因素。经验证明，虽然有完善的、先进的技术措施，但没有或欠缺组织管理措施，也会发生事故；反过来，只有组织管理措施，而没有或缺少技术措施，事故也是要发生的。没有组织管理措施，技术措施就实施不了，且得不到可靠的保证；没有技术措施，电气安全管理措施只是一纸空文，解决不了实际问题。只有两者统一，电气安全才能得到保障。因此，电气安全工作中，一手要抓技术，使技术手段完备，另一手抓组织管理，使其周密完善，只有这样，才能保证电气系统、设备和人身的安全。

二、电气安全管理工作的中心内容

（一）安全检查

1. 检查内容

电气设备、线路、电器的绝缘电阻，可动部位的线间距离，接地保护线的可靠完好，接地电阻是否符合要求；充油设备是否滴油、漏油；高压绝缘子有无放电现象、放电痕迹；导线或母线的连接部位有无腐蚀或松动现象；各种指示灯、信号装置指示是否正确；继电保护装置的整定值是否更动；电气设备、电气装置、电器及元件外观是否完好；临时用电线路及装置的安装使用是否符合标准要求；安全电压的电源电压值是否正确；安全用具是否完好且在试验周期之内，保管是否正确；特殊用电场所的用电是否符合要求；安全标志是否完好齐全且安装正确；避雷器的动作指示器、放电记录器是否动作；携带式检测仪表是否完好且在检定周期之内，保管及使用是否正确；电气安全操作规程的贯彻与执行情况；现场作业人员的安全防护措施及自我保护意识和安全技术掌握状况；急救中心及其设施、触电急救方法普及和掌握情况；电气火灾消防用具的完好及使用保管状况；携带式、移动式电气设备的使用方法及保管状况；变电室的门窗及玻璃是否完好，电缆沟内有否动物活动的痕迹，屋顶有无漏水，电缆护套有无破损；架空线路的杆塔有无歪斜、有无鸟巢，导线上有无悬挂异物，弧垂是否正常，拉线是否松动，地锚是否牢固，绝缘子和导线上有无污垢，能否造成短路；电气设施的使用环境与设备的要求是否相符，如潮湿程度、电化腐蚀等。此外，要检查电气作业制度的执行情况、违章记录、事故处理记录等。

电气安全生产管理方面有无漏洞,如电工无证上岗、施工图未经技术及督察部门审查、各种不规范记录等。

安全生产规章制度是否健全及其执行情况。

各级负责人及安全管理人员对电气安全技术、知识掌握的状况,以及是否将电气安全放在生产的首位,有无安全交底及安全技术措施等。

2. 检查人员的组成

一般由电气工程技术人员、安全管理人员、有实践经验且技术水平较高的工人组成。同时根据检查的规模及范围,检查人员中可有供电部门、劳动部门、消防部门、上级主管部门,以及本单位设备动力科(处)、安全科(处)主管安全工作的领导者参加。

3. 检查周期

通常应一月一小查,半年一大查,大查一般安排在春季及秋季。

小查时,组成人员应少一些,检查的项目应有重点;大查时,组成人员须多一些,检查的项目要全,检查要细。检查中,凡不符合要求的要限期修复,并由检查人员复查合格。

(二)制订安全技术措施计划

安全技术措施计划是与本单位技术改造、工程扩建、大修计划等同步进行的。要根据本单位电气装置运行的实际情况及安全检查提出的问题,并结合电网反事故措施和安全运行经验,与技改部门、安全部门及设计、安装、大修单位等协同编制年度的安全技术措施计划,如线路改造或换线、变压器更换或增容、开关柜改造等。安全措施计划应与单位生产计划同步下达,并保证资金的落实。安全措施经费通常占年技改资金的20%左右,在提出安全措施计划的同时,应将设备、材料列出,并将工期确定。

(三)电气安全教育培训

这是一项长期性的工作,是预防为主的重要措施。对于刚进厂的学徒工、大中专及技校毕业生、改变工种和调换岗位的工人、实习人员、临时参加现场劳动的人员,以及接触用电设备的各类人员都要进行三级(厂、车间、班组)电气安全教育,其形式可通过举办专业培训班,以及广播、电视、图片等形式来开展宣传教育活动。

对于电气人员,一方面要提高电气技术;另一方面要提高安全技术水平,可以开展技术比赛、安全知识竞赛、答辩、反事故演习、假设事故处理、现场急救演示等形式的活动来提高其电气技术和安全技术。

(四)建立资料档案

资料档案就是指电气工作中使用的各种标准规程及规范、各种图样、技术资料、各种记录等。这些资料应存档，并按档案管理的要求，进行分类保管，随时可以查阅、复印，以保证电气系统的安全运行。

1. 标准规范规程

主要有各类电气工程设计规范，以及《电气装置安装工程施工及验收规范》《全国供用电规则》《电气安全工作规程》《电力变压器运行规程》等。

2. 各种图样

主要有供电系统一次接线图、继电保护和自动装置原理图和安装接线图、中央信号图、变配电装置平面布置图、防雷接地系统平面图、电缆敷设平面图、架空线路平面图、动力平面图、控制原理接线图、照明平面图、特殊场所电气装置平面图、厂区平面图、土建图等。

3. 技术资料

主要有变压器、发电机组、开关及断路器、继电保护及自动装置、大中型电机及起动装置、主要仪器仪表、各类开关柜、各类电气设备的厂家原始资料，如说明书、图样、安装、检修、调试资料及记录等。

4. 各种记录

主要有运行日志、电气设备缺陷记录、电气设备检修记录、继电保护整定记录、开关跳闸记录、调度会议记录、运行分析记录、事故处理记录、安装调试记录、培训记录、电话记录、巡视记录、安全检查记录等。

各用电单位可根据具体情况将上述资料进行收集、整理、存档，通常每一台电气设备或元件应有其单独的资料档案卷宗备查。

（五）事故处理

事故包括人身触电伤亡事故和电气设备（包括线路）事故两大类。对于人身触电伤亡事故必须遵循"先进行急救并送至医院"的原则；对于电气设备、线路事故必须遵循"先进行灭火，然后更换设备或修复直至恢复送电"的原则。事故现场处理完毕后，应遵照"找不出事故原因不放过，本人和群众受不到教育不放过，没有制定防范措施不放过"的原则，组织相应级别的调查组，对事故进行认真调查、分析和处理，以达到教育群众，认真吸取教训，并采取相应的防范措施，以使其今后不再发生。同时写出事故报告和处理结果，根据事故的大小和范围发放或张贴，起到警示的作用。经验证明，无论事故大小或造成伤亡与否，只要遵循上述原则，均能减少或杜绝今后事故的发生。

事故的调查必须实事求是，有些人为了推卸责任而弄虚作假，使事故处理复杂化，起不到上述的作用，这是事故处理中必须注意的。我们应该把事故处理提高到法制的轨道上，才有利于电气安全工作的开展。在处理事故中，我们还应注意以下几点。

（1）必须在单位各级负责人的思想认识上找事故原因，是否真正做到了"安全第一，预防为主"。

（2）必须在安全生产管理上找事故原因，堵住管理上的漏洞。

（3）必须在安全规章制度上找事故原因，进而修订有关制度。

（4）必须提高全员的安全意识和技术水平，做到"安全第一，人人有责"。

三、保证电气安全的技术措施

直接触电防护措施是指防止人体各个部位触及带电体的技术措施，主要包括绝缘、屏护、安全间距、安全电压、限制触电电流、电气联锁、漏电保护器等。其中限制触电电流是指人体直接触电时，通过电路或装置，流经人体的电流限制在安全电流值的范围以内，这样可保证人的安全。

间接触电防护措施是指防止人体各个部位触及正常情况下不带电而在故障情况下才变为带电的电器金属部分的技术措施，主要包括保护接地或保护接零、绝缘监察、采用Ⅱ类绝缘电气设备、电气隔离、等电位连接、不导电环境，其中前三项是最常用的方法。

电气作业安全措施是指人们在各类电气作业时保证安全的技术措施，主要有电气值班安全措施、电气设备及线路巡视安全措施、倒闸操作安全措施、停电作业安全措施、带电作业安全措施、电气检修安全措施、电气设备及线路安装安全措施等。

电气安全装置主要包括熔断器、继电器、断路器、漏电开关、防止误操作的报警装置、信号装置等。

电气安全操作规程的种类很多，主要包括高压电气设备及线路的操作规程、低压电气设备及线路的操作规程、家用电器操作规程、特殊场所电气设备及线路操作规程、弱电系统电气设备及线路操作规程、电气装置安装工程施工及验收规范等。

电气安全用具主要包括起绝缘作用的绝缘安全用具，起验电或测量作用的验电器或电流表、电压表，防止坠落的登高作业安全用具，保证检修安全的接地线、标志牌和防止烧伤的护目镜等。

电气火灾消防技术是指电气设备着火后必须采用的正确灭火方法、器具、程序及要求等。

电气系统的技术改造、技术创新、引进先进科学的保护装置和电气设备是保证电气安全的基本技术措施。电气系统的设计、安装应采用先进技术和先进设备，从源头解决电气安全问题。

第六章　电气自动化控制的创新技术与应用

第一节　变电站综合自动化安全监控与运维一体化

一、变电站综合自动化安全监控与运维一体化的意义

电网作为经济社会发展重要的基础设施，是实现能源转化和电力输送的物理平台，同时，电网也是实现大范围资源优化配置、促进市场竞争的重要载体。智能电网是借助一次设备与二次设备的智能控制技术、变电站的自动化技术、远程调度自动化系统等相关技术，进而实现电力系统的智能化。目前，我国在智能变电站中建立网络化、信息化、数字化的综合自动化平台，从而确保智能变电站的安全运行。变电站综合自动系统是智能变电站的重要组成部分，也是智能电网的核心和重要技术。促使变电站综合自动化系统朝着安全监控与运维一体化方向发展，一方面能及时发现潜在的安全威胁并发出告警，在故障发生前采取相应运维措施，防止综合自动化系统的基础设施损坏；另一方面，在故障发生后，能快速帮助运维部门及时快速找到故障源、追踪故障原因、制订运维方案，从而减少经济损失。因此，开展变电站综合自动化系统安全监控与运维一体化的研究具有重要意义。

（1）提高智能电网的安全性和可靠性。安全监控与运维一体化可以实现在监控中进行运维，在运维过程中进行实时监控。这样就解决了传统监控系统中无法运维的情况，也解决了需要进行倒闸操作才能进行运维的传统运维的弊端，真正提高了电网整体的安全性和可靠性。

（2）带来了极大的经济效益。首先，安全监控与运维一体化的发展针对整个变电站进行实时监控与及时运维，延长了一次设备的使用寿命，极大节约了国家电网有限公司的财力及物力；其次，一体化发展简化故障上报的程序，通过自动化系统进行判定故障并维修，提高了工作效率；最后，一体化发展实现的自动运维可避免由于操作人员误入带电层所带来的隐患，保障了运维人员的安全。

因此，变电站综合自动化安全监控与运维的发展在智能电网的搭建和发展历程中

至关重要。安全监控与运维一体化的发展有广阔的发展前景，能有效减轻智能电网的压力，减少电网故障率，降低风险，使智能电网平稳、安全地运行。

二、远程监控系统在无人值守变电站中的应用

进入 21 世纪，电力系统正向高参数、大容量、超高压快速发展。随着电力体制改革的逐渐深入和电力系统规模的不断扩大，无人值守变电站已经成为电力行业发展的迫切需要。对于无人值守变电站，为了及时了解现场的工作情况，就需要远程监控系统，使之能够对变电站的关键控制区域及四周进行监控，可方便监视和控制变电站内各种设备的运行和操作，对现场发生的异常情况自动报警，以便远端值班中心操作人员及时发现和解决故障，主要完成对变电站环境空间的安全防范监控，以及对必要的生产设备实现可视化管理。

电力系统引入远程监控系统可以方便监视和记录变电站的环境状况及设备的运行情况，监测电力设备的发热程度，及时发现、处理事故情况，有助于提高电力系统自动化的安全性和可靠性，并提供事后分析事故的有关图像资料，它具有功能综合化、结构微机化、操作监视屏幕化、运行管理智能化的显著特点。

（一）应用背景

近几年，电力行业一直致力于无人值守变电站的推广应用。目前已有相当多的变电站实现了"四遥"，即遥测、遥信、遥控、遥调功能。然而，实现变电站综合全面的自动化管理，大面积推广无人值守变电站的必要保证是建立一套完善的远程监控系统——电力行业称之为"遥视"。遥视功能使电力调度部门可以远程监视变电站的设备及现场环境。遥视作为传统"四遥"的补充，进一步提高了电力自动化系统的安全性、可靠性。因此，越来越多的电力部门把远程监控系统作为无人值守变电站管理的重要手段。无人值守变电站的智能化远程图像监控系统由于运行监控中心和操作队负责了原有变电站运行值守人员的绝大部分职责，变电站则无须专门的值班人员，可大大减少运行值班人员的数量，达到减人增效的目的。实施变电站无人值守是电力经营管理的重点问题；实施变电站无人值守是电力企业转换机制、改革挖潜、实现减人增效、提高劳动生产率的有效途径。变电站实施无人值守是电网的科学管理水平和科技进步的重要标志。其意义在于：

（1）有利于提高电网管理水平；

（2）有利于提高电网安全经济运行水平；

（3）有利于提高电力企业经济效益；

（4）减员增效效果显著；

（5）促进电力工业的技术进步。

在电力系统自动化的监控系统中，为了降低发电成本并达到减员增效的目的，电力工业的发展要求变电站实现真正的无人值守，遥视对目前电力系统自动化的发展具有重要意义。

（二）远程监控系统组成及基本原理

1. 系统组成

远程监控系统分为前端（现场）设备、通信设备和后端设备三大部分。前端设备主要包括视频服务器和其他相关设备。视频服务器负责将视频数字化，通过视频编码对图像进行压缩编码，再将压缩后的视频、报警等数据复合后通过信道经视频服务器发送到监控接收主机，也可将音频数据进行编码，复合在一起传输，同时实现声音通信。接收来自监控中心控制主机的控制信号，实现云台、镜头和灯光等控制，以及进行报警的布防和撤防。通信设备是指所采用的传输信道和相关设备。后端设备主要包括视频监控服务器和若干监控主机。视频监控服务器接收前端视频服务器发送过来的压缩视频与其他报警、温度信息，进而转发到相应的监控主机中；监控主机可以通过得到的监控信息，发送控制指令。监控主机可由多个用户同时进行监控，每个用户可同时监控多个监控主机，具有很大的灵活性。视频监控服务器除转发视频、音频数据外，还完成对各个监控系统的管理，如优先权、用户权限、日志、监控协调、报警记录等。

2. 基本原理

远程监控系统的核心是利用数字图像压缩技术实现视音频通信，视音频信号为了在数字信道上传输，必须先经过如下四步。

（1）数字化，即通过采样和量化，将来自摄像机的模拟视频信号转化为数字信号。

（2）数字图像压缩编码，由于数字化后的图像数据量非常庞大，必须进行压缩编码，才能在目前的信道传输。

（3）数据复合，即将压缩后的图像码流与其他（如音频、报警、控制等数据）进行复合，并加入纠错编码，形成统一的数据流。

（4）信道接口，是用于将数据发送到通信网的接口设备。在接收端是一个逆过程，但经解压缩后的图像数据可直接显示在计算机屏幕上，或经复合后在电视监视器显示。

（三）远程监控关键技术

1. 编码技术

要想实现远程监控，需要对视频模拟信号进行数字化和压缩，视频信号的压缩就是从时域、空域两方面去除冗余信息。目前，在众多视频编码算法中，影响最大并被广泛应用的算法是 MPEG – x 和 H. 26x。考虑技术的先进性和成熟性，在变电站遥视系统中采用 MPEG – 4 压缩编码。

2. 传输技术

数字化视频可以在计算机网络（局域网或广域网）上传输图像数据，基本上不受距离限制，信号不易受干扰，可大幅提高图像品质和稳定性，保证了视频数据的实时性和同步性。

（四）基本功能

远程监控系统作为变电站实施无人值守的一种必要手段，可以保障变电站安全稳定运行，监控中心值守人员可以借助该系统实现对变电站的有效监控，及时发现变电站运行过程中的各种安全隐患。其基本功能主要有以下方面。

1. 报警功能

变电站远程图像监控系统所要承担的主要任务之一是从安全防范的角度，保障变电站空间范围内的建筑、设备的安全及防盗、防火等。系统可配置各种安防报警装置，并将其安装在变电站围墙、大门、建筑物门窗等处，重点部位可使用摄像机进行 24 小时不间断视频监控，以保障变电站周边环境安全。系统也可安装各种消防报警装置，将报警信号直接输入前端主机。由于电力系统设备过热是一个不容忽视的现象，因此重要节点、接头应能自动进行超温检测和报警，即具有超温检测功能，系统可配置金属热感探测器或红外测温装置。一旦出现警情，系统自动切换到相应摄像机，监控子站主机同时将报警信号上传至监控中心，监控中心的监控终端显示报警点画面并有告警声提醒值班人员，同时启动数字录像。如果一旦有摄像机出现故障或被窃，引起视频信号丢失就会引起报警。对设定的视频报警区，一旦有运动目标进入或图像发生变化也会引起报警。

2. 管理功能

远程图像监控系统能自动管理，具有自诊断功能，能对网络、设备和软件运行进行在线诊断，并显示故障信息。系统应具有较强的容错性能，不会因误操作等而导致系统出错和崩溃，还可以对系统中用户的使用权限和优先级进行设定，对于系统中所有重要的操作，都能自动生成系统运行日志。登录用户可查询系统的使用和运行情况，并能以报表方式将其打印。

3. 图像监控功能

图像监控功能包括对变电站的周边环境和设备运行与安全的监控。监控终端能灵活、清晰地监视变电站中多个摄像机的画面，不受距离控制，同时对视频信息采集设备进行远程控制，对现场进行监听。一个监控终端可监视多个站端，多个监控终端可同时监视同一个站端，还可对监控对象的活动图像、声音、报警信息进行数字录像，具有显示、存储、检索、回放、备份、恢复、打印等功能。监控中心可远程观看、回放任一站端、任一摄像机的实时录像和历史录像。

三、变电站综合自动化系统运维技术的发展与效益

随着国民经济的快速发展，电网建设的规模不断扩大，新投入的变电站综合自动化系统越来越多。变电站安全监控系统作为一个微机实时监控系统，由于数据庞杂、程序复杂、进程路径多及微机自身缺点，常会出现故障或异常。同时，电力系统人员无法跟随人工智能的脚步进行知识和技能的更新换代，所以无法将系统运行的全部知识及时掌握，导致新投入的变电站综合自动化系统常常出现异常，且异常多为软件故障。为了解决一个异常，有时工作人员需要驱车数百公里，这是对人力、物力资源的极大浪费。因此，对智能变电站进行安全监控并及时运维十分重要。

当前，变电站综合自动化系统都是利用网络进行连接运行的，系统中各个模块的参数设置、状态、数据修改都能通过网络实现，这就为运维技术的实现创造了条件。远程技术的成熟为运维技术的发展提供了现实条件。运维技术应该兼具远程控制、变电站监控系统运行状况、系统运行的起停、各模块运行状况监控、程序化操作等功能。这样才能保证变电站综合自动化系统的长期正常运行。但机遇与挑战并存，运维技术还面临许多技术难题。例如，合理稳定的远程登录方式、远程控制软件的定期运维及保护综合自动化系统的安全等。

对变电站综合自动化系统进行运维，可以提高变电站管理水平、打造一批专业领头人，具有一定指导作用，为形成一套成熟、完善变电站运维管理技术奠定了基础。运维在智能变电站中的使用可以带来以下三个方面的效益。

第一，运维工作标准化。将运维工作标准与变电站综合自动化系统管理标准相统一，既有利于提高运维工作的质量，也有利于变电站的规范化。

第二，运维效率提高。在规范化的管理模式下，运维工作及工作人员能得到科学化的工作分配，从而减少运维工作人员超负荷作业的情况，使运维效率大大提高。

第三，资源的分配更加合理。通过定期、实时进行运维，及时发现系统中各个模块的问题，并根据问题所在将其及时解决，延长了综合自动化系统的使用寿命，节省了大量的财力、物力。

四、变电站综合自动化安全监控与运维一体化设计

(一) 一体化系统设计思路

1. 明确操作范围

变电站综合自动化安全监控与运维一体化操作系统（以下简称"一体化系统"）直接在现有的变电站自动化系统中改造，就会出现影响面极广、工作量大、改造过程安全风险高等问题。所以，设计的安全监控与运维一体化系统是在既有变电站升级改造中重新明确操作范围，对指定模块的功能进行改造和优化。升级后的系统是融操作票监控管理、防误闭锁、远方投退软压板、远方切换定值区、位置状态不同源判断及运维等功能为一体的系统。新系统具备原系统不具备或不完全具备的功能，一体化系统的实现也为下一步建设安全监控与运维一体化平台打下了坚实的基础。

2. 一体化系统设备改造的要求

①断路器可以实现遥控操作功能，在三相联动机构位置信号的采集应采用合位、分位双位置接点，分相操作机构应采用分相双位置接点；②母线和各间隔应使用电压互感器数据，无电压互感器应具备遥信和自检功能的三相带电显示装置；③隔离开关应具备遥控操作功能，其位置信号的采集应采用双位置接点遥信；④列入安全监控与运维一体化系统的交直流电源空气开关，应具备遥控操作功能；⑤列入安全监控与运维一体化系统的保护装置应具备软压板投退、装置复归、定值区切换的遥控操作功能；⑥自动化系统的二次装置应具备装置故障、异常、控制对象状态等信息反馈功能。

(二) 一体化系统架构设计

1. 一体化系统组织架构设计

一体化系统应由两大部分组成，分别为调度主站和智能变电站。调度主站基于智能电网调度控制平台，实现主站一体化操作功能，由内部平台交换完成权限管理、操作任务编辑解析、拓扑防误、调票选择、安全监控、指令下发、结果展示及运维等功能。智能变电站通过一体化系统配置远方程序化操作模块，完成调度主站远方一体化操作功能，并接收一体化系统的操作指令执行操作票唯一存储与调阅、模拟预演、智能防误校核和向主站上送信息数据等业务操作。双确认设备完成状态感知和智能分析。

2. 一体化系统功能架构设计

变电站的一体化系统基于原有监控系统基础平台，采集全站一、二次设备实时遥测及遥信数据，实现对智能变电站全站一、二次设备的监视控制，具备本地与远方同

时监控与运维的操作功能。

3. 一体化系统软件架构设计

一体化系统是利用 Linux 安全操作系统平台进行运行的，其基于原有监控系统基础业务平台，可在公共应用层具备实时信息监视、在线控制、实时事件处理与报警、数据存储、处理与运维等功能。同时，在公共应用层实现各种专业级应用，提供标准的开放性接口，支撑多专业应用无缝集成。

（三）一体化系统设计原则

1. 可靠性

（1）故障智能检测功能

一体化系统是配置系统业务运行状态监测与管理的进程，该进程为系统守护进程，对所有业务进程周期性进行运行状态监测，根据配置的故障诊断策略进行实时状态诊断，若监测到程序情况异常，则根据配置的应对策略进行异常告警、进程重启、主备切换等操作，具备软件自诊断、自恢复功能，保障系统设备的长期稳定运行。所以，该系统的系统业务模块应满足以下可靠性要求：关键设备 MTBF（平均无故障运行时间）> 20 000 h；由于偶发性故障而发生自动热启动的平均次数 < 1 次/2400 h。

（2）主备切换处理功能

一体化系统的操作过程中，主备切换后的服务端对于五防监控和运维程序化操作是无缝衔接的。五防监控和运维程序化的操作界面是在客户端展现的，若发生主备切换，五防监控和运维一体化操作客户端的操作链接会自动切换至当前主机服务进程，从而保证数据处理与业务操作仅通过主机服务进程完成。

2. 安全性

一体化系统整体安全性要按三级要求设计：硬件采用国产服务器；软件采用国产安全操作系统；权限校验采用"强密码＋指纹/数据证书"双校验；主站及子站数据传输须经过纵向加密装置，从而确保数据传输安全可靠。同时，网络通道应连接到供电企业综合业务数据承载网络通信通道，以满足电信级指标的要求，关键设备和链接冗余，起着双向保护的作用，拥有电信级故障自愈功能，支持 ULAN 方便的网络访问和运维，服务器是用来连接核心交换机的主要方式。某一连接处或某一装置发生故障，在主备机切换的情况下，不会妨碍其他装置与系统的日常运作。

3. 易用性

一体化系统运维模块的开发基于模板样式的运维图形自动生成技术，实现图模自动构建，将自定义的图元组合固化为间隔图形、设备状态、网络拓扑等模板样式，可定制业务展示需要的画面布局、设备、连线等模板样式，针对实际工程，通过组态工具选择界面图元关联的数据模型并进行位置定位，自动生成各运维画面。修改扩建一键更新系统，可实现一键修改更新全站的间隔名称及设备编号，包括图形、数据库、操作票、报表等数据的批量自动更新。

五、变电站综合自动化安全监控与运维一体化关键技术

（一）位置双确认技术

1. 断路器位置双确认的判断依据

对断路器位置双确认来说，一种判据方法不能保证开关分合位置的准确性，按照国家电网要求，应综合考虑开关切换之后设备电气量的实施情况，可以将断路器位置双确认判据分为位置遥信变位判据和遥测电流电压判据两种。

（1）位置遥信变位判据

位置遥信变位判据采取分合双位置辅助接点，各相开关遥信量采取各相位置辅助接点的方式。各相断路器均采用与逻辑关系，当断路器三相分位接点同时闭合，与此同时，三相合位接点全部断开时，这时才能判断断路器位置遥信从合位到分位。当断路器三相分位接点同时断开且三相合位接点全部闭合时，才能判断断路器位置遥信从分位到合位。

（2）遥测电流电压判据

遥测电流电压判据根据三相电流或者电压的有无变化，作为断路器分合位置判据。断路器分合位置的最终确认是在位置遥信判断当下分合位置的基础上追加的判据，断路器位置遥信由合位变分位时，只要"三相电流的变化情况是有流变为无流、母线（间隔）三相带电设备显示有电变为无电/母线（间隔）电压状态有压变为无压"或逻辑关系成立，才能断定此时断路器已处在分位状态；断路器位置遥信由分位变合位时，只要"三相电流的变化情况是无流变为有流、母线（间隔）三相带电设备显示无电变为有电/母线（间隔）电压状态无压变为有压"或逻辑关系成立，才能断定此时断路器已处在合位状态。

综上所述，符合位置遥信变位和遥测电流电压两种判据时，就可以准确判断某一时刻的断路器分合位置情况。

2. 隔离刀闸位置双确认的判断依据

断路器可以采用上述两种判据方式实现位置双确认，对于隔离刀闸，当下还没有统一明确有效的位置双确认技术实用方案。早期有人值守变电站一般都采用敞开式刀闸，有运维人员在现场检查巡视，对于隔离刀闸的断开和闭合能够清晰查看。目前，

普遍变电站都实现无人值守，只有在计划运维的情况下才有运维人员赶赴现场，不能保证设备状态的实时检查。隔离刀闸长期运行会出现老化和接触不良的情况，很有可能致使分合不到位，从而导致电网系统故障。综上，实现隔离刀闸位置双确认技术对于变电站安全运维具有十分重要的意义。

（1）压力（姿态）传感器双确认方式

压力（姿态）传感器双确认方式是将传感器安装到隔离开关上，采集一次设备隔离开关分合位操作时所产生的压力数据或角度位移数据，经数据采集装置分析处理后，解析为辅助位置信号并统一上送至监控后台，供一体化控制系统使用。

敞开式隔离开关加装无线压力（姿态）传感器，借助传感器接收器把触头压力数据转换为辅助位置信号传送到站控层网络，如果"辅助接点"变位，而且触头压力（位移角度）数据值比分、合位门槛值大时，说明设备已操作到位。每一组隔离开关要装3个无线压力（姿态）传感器，分别为A、B、C三相，主变中性点接地刀闸应装一个压力（姿态）传感器。

（2）视频识别双确认方式

在变电站相关位置架设以安全监控为核心的网络高清摄像机，实现站端装置获取监控信息，监控信息以接口方式实现和调度自动化系统的信息交互，隔离刀闸要全部设置好摄像机预置位信息，完成装置动作信息、监控信息和故障信息的全面联动，当装置动作、变化或故障时，摄像头会自动校准，将动作实时监控信息与调度主站信息统一呈现给运维人员，从而实现隔离刀闸位置判断的"双确认"。隔离刀闸的相位应和摄像机预置位实现关联，保证隔离刀闸每相都能和摄像机一一对应。正常状态下，隔离刀闸与一个摄像机位置对应，一个摄像机位置能与多组隔离刀闸对应。如果一个摄像机不能判断隔离刀闸状态，需要多添加并单独标注一个摄像机位置。关联信息应在监控系统中体现并以接线图的状态体现，这样可以快速匹配定位监控图像。隔离刀闸的位置判据与三相位置有关，两组隔离刀闸一般需要匹配3个摄像机，针对目前实际变电站的监控摄像机布置情况，很多装置并不符合标准，因此实现改造每个变电站应额外布置大量网络高清摄像机。

满足上述摄像机布置的相关要求后实现视频识别双确认方式，就是在一体化操作程序动作时实现与辅助设备监控主机视频联动，辅助设备监控主机视频摄像头与一次装置位置一一对应，获取动作后的一次装置位置状态图像信息，并借助视频智能分析系统核算动作后的位置状态，反馈位置状态信息到监控后台，作为辅助位置判据供一体化操作系统使用。对隔离开关的分合闸结果判断，系统还支持采用"位置遥信＋视频识别"方式，即第一状态判据采用直接位置遥信，第二状态判据采用视频识别方式判别设备的位置状态，从而满足两个非同原理或非同源指示变化作为操作后的确认依据。

当一体化操作系统对某个隔离刀闸执行一体化操作指令时，首先向视频主机发送视频联动信息，视频主机自动显示该设备的现场图像信息，运用智能视频分析技术对隔离开关的各项指标实现智能分析，进而获取设备的状态数据参数，最后把智能分析判断执行后的结果状态反馈给一体化操作系统。

（二）一键式安全措施技术

一键式是遥控操作的方式之一，操作前提是操作票按操作项目顺序，依次对系统中二次设备进行遥控。常规变电站二次维护的安全措施可在二次电缆的电气分离点附近设定。然而，在智能变电站时期，二次回路信息和数字网络改造的完成，使变电站二次设备相互的信息状态越来越烦琐，这加大了操作运维人员评估二次设备故障或制定二次安全措施的困难。

目前，智能变电站二次运维安全措施的处理办法大多基于专业技术人员的经验进行编写，仍然可以自由用于维护一个单元的状态。然而，同时运维多个设备难以确保手动发票的效率和可靠性。智能变电站的二次电路不可见，二次设备相互关联比较复杂，互联关系很多，在二次设备的运维或故障分析中很难隔离设备。该操作不直观，并且缺乏避免错误的能力，从而使其难以掌握。用于安全措施的一键式技术使操作和维护人员只设置要运维的目标设备（组），接下来，软件程序会自动生成安全措施技术，以实现自动开票过程。

1. 设备陪停库

为了辨别运维程序中各种类型的设备关联，现将有关设备分为三种类型：第一，运维设备：需要运维的目标设备，可以多个不唯一；第二，陪停设备：需要运维的设备被从操作状态中强制撤回，陪停设备在运维过程中处于初始状态；第三，关联运行设备：具有直接信息并与运维设备和陪停设备交互的设备。在制定运维安全措施时，必须首先确定执行安全措施的突破点，即运维界限。运维界限在此定义为运维设备、陪停设备和相关联运行设备之间的信息交互界限，所有运维安全措施都会在运维界限中的信息交互点上操作。

设备陪停库旨在表示运维设备和陪停设备之间的关系，并为所选运维设备匹配相应的陪停设备，以便程序能自动识别确认运维设备和陪停设备之间的运维界限。

电压等级不同，对应的设备配置方式也不同，所以设备陪停库是依据不同电压等级实现构建的。设备陪停库应符合所有不同电压等级和接线方式的变电站，所以构建设备陪停库需要按照抽象的设备类型进行命名，不能实现照搬某变电站 SCD（变电站全站系统配置文件）中的设备模型定义。因此，在变电站的实际应用过程中，第一步，依据运维设备在陪停库中找到相应的设备类型；第二步，依据设备类型匹配相应的陪停设备类型；第三步，从 SCD 中匹配具体的陪停设备。

2. 安全措施模块和防误校验

（1）安全措施模块

目前，在保护变电站继电装置的相关事故中，意外拆卸或未能拆卸故障位置常常会致使开关无故跳闸。因此，在设备中设置了安全隔离措施的票证模板非常有必要，并使用了导出和导入功能使设备完成运维工作。

（2）防误校验

在安全措施防误规则库的基础上进行防误操作检查，可以对安全措施操作内容实行防误验证，还可以对安全隔离措施的可行性及正确性实现检验。防误校验可借助位置模块实现智能分析和验证。

防误校验可以验证安全措施或变电站操作内容数据信息的有效性，确定最优防误方案运用在安全措施程序中，从而智能识别该方案是否符合现代典型安全措施流程，借助现代典型安全措施流程实现防误校验，核对二次回路的数据是否存在遗漏的情况。

3. 安全措施逻辑监视

将监视所有辅助虚拟回路压板的正确性。如果顺序不正确，则会发出警报；操作票完成后，二次回路的压板应处于稳定状态且模块已监测到压板的变化，立即发送压板的变化报警；当产生告警时，可以根据操作票逻辑弹出告警原因对话框，告警信息被提交给告警客户端和二次电路可视化模块；与次级电路可视化模块进行交互，以使其处于监视状态，处于该状态的次级电路可以自动位于监视界面的中心。

对所有辅助虚拟回路压板的投退顺序实现监视，出现顺序不对或正确投退的压板忽然变化，就会发生告警；当操作票停止操作，二次虚拟回路的压板处在平稳状态，如果监视模块发现压板变更，马上发生压板变更告警信息；一旦告警发出后，可以通过操作票逻辑监视，弹出告警原因的相应对话框；将告警信息传送到告警客户端与二次虚拟回路可视化模块；实现二次虚拟回路可视化模块信息交互功能，完成监视状态的二次回路状态自动置于监视界面中央位置。

随着国家智能电网的科技化发展，智能变电站也将进入人工智能时代。从传统有人值守变电站到智能无人值守变电站，最后演变成智慧变电站，变电站综合自动化技术越来越完善，我国电力事业必将蓬勃发展。安全监控与运维是变电站正常运营的两大根本要素，由于实际变电站工作过程中有太多不可控因素，一旦出现故障或问题就可能产生巨大影响，对电力安全问题绝对不能掉以轻心，变电站综合自动化系统的安全性和可靠性的优化研究具有重大意义。变电站综合自动化安全监控与运维一体化研究，使安全监控与运维形成有机整体，实现系统多级交互、互联互通。

第二节 数字技术在工业电气自动化中的应用与创新

数字技术是现阶段我国科学技术发展的重要方面，能够应用于我国发展的各个领域，并在极大程度上提升这些领域的发展质量与效率。工业是现阶段我国经济发展的重要部门，而电气自动化可提升工业发展质量。将数字技术应用于工业电气自动化中，能够在极大程度上提升现阶段工业发展质量。

工业是现阶段我国发展的重要组成部分，而我国在发展的过程中也十分重视工业的发展。电气自动化技术的应用提升了工业发展的质量与效率，让工业发展更加符合现在社会的实际需求。我国在发展的过程中对于工业发展有更高的要求，原有的自动化技术在实际应用的过程中，其效率已经难以满足现今社会的实际需求，故而，人们将数字化技术引入工业电气化技术。利用数字化的优势提升了工业电气自动化的应用质量。现今社会是一个数字化技术飞速发展的社会，我国工业需要紧跟时代发展潮流，积极将数字技术引入工业发展过程，提升工业发展的效率与质量。

一、数字技术在工业电气自动化中的应用优势

数字技术在工业电气自动化中的应用，是将数字技术的优势与工业电气自动化的优势相互结合，进而在较大程度上提升电气自动化的应用质量，辅助我国工业更好地发展。数字技术应用于工业自动化中能在极大程度上促进现阶段我国智慧工厂的发展质量，而从现阶段我国智慧工厂的发展实际情况来看，其处于不断增长的阶段。

将数字技术应用于工业电气自动化中的优势主要表现在以下两个方面。

第一，数据管理质量更高。目前，我国信息化技术在不断改进与完善，其对于数据的管理质量也更高。与传统方式不同，将信息技术应用于工业电气自动化中，能与感应器的装置共同使用，对工业发展过程中的数据进行更高质量的收集。计算机技术的应用能对工业发展过程中的数据进行更加高效快速的数据整理，在极大程度上降低了相关人员在数据管理中所耗费的时间，提升了数据管理的质量与效率。

第二，降低工业发展对劳动力的需求。伴随着时代的发展，我国老龄化程度逐渐加深，工业在发展的过程中必然面临劳动力不足的情况。而在传统的工业电气自动化中，所需要的劳动力仍较多。而将数字化技术应用于工业电气自动化的发展过程中，可以利用智能化等方式，对生产过程进行自主调节，降低工业电气自动化对人力的需求，缓解其人力不足情况。

二、数字技术在工业电气自动化中的应用方式

众所周知，我国自动化技术在发展的过程中，其相关的设备较多，且多数设备在实际应用的过程中操作难度复杂。技术人员在掌握其相关操作技术的过程中，所需要耗费的精力极大。而技术人员自动化技术学习难度较高，也给自动化技术的发展增加了一定的难度。而将数字技术应用于工业电气自动化的发展过程中，可以利于用计算机及网络技术的优势，将部分智能控制功能更好地应用于电气自动化的发展过程中，从而降低电气自动化的操作难度，提升电气自动化的稳定性与安全性。

1. 利用 Windows 搭建工控标准平台

将 Windows 应用于电气自动化发展领域，利用其搭建工控标准平台，是基于微软技术开发的 WindowsNT 及 CE 平台。在实际应用的过程中，在企业的管理及其他方面的领域都有较为广泛的应用，且其在使用的过程中也取得了良好的结果。将其应用于电气自动化领域，主要是利用计算机技术，将控制界面图形化，进而利用网络中的图形化界面控制整个电气自动化系统。这种方式在实际应用的过程中，能够较好地辅助相关技术人员，对自动化技术应用情况进行监督与管理。加上 Windows 在实际应用的过程中，其操作及维护较为简单、便利，拓展性也较强，符合现阶段我国工业自动化发展的实际需求。

2. 现场总线与分布控制系统

现场总线在实际应用的过程中，能将自动化系统和智能化设备相互连接，以及进行数据的双向传递。相关的控制人员在工业生产的过程中，可以在不到达现场的情况下，对现场生产活动进行监督与管理。通过生产现场的数据反馈，相关的管理人员能快速对数据进行分析与判断，并提出相对的改进意见，以及对现场的自动化设备进行命令的传达，辅助生产现场能灵活进行，促进生产活动的优化与改进，提升生产质量与效率。

三、数字技术在工业电气自动化中的应用前景

伴随着我国市场经济的不断发展，对工业自动化的需求也在不断改变，而在这种环境下，数字技术与工业自动化融合程度也在不断提升。而我国数字技术仍处于初步的发展阶段，其具有非常大的发展潜力。从现阶段我国发展的实际情况来看，将数字技术应用于工业电气自动化领域，主要表现在以下两个方面。

第一，将数字技术应用于企业管理层中，利用自动化技术的优势自上而下地进行

渗透，使企业管理层在企业发展的过程中，可以随时对工业生产情况进行监督，并能按照企业发展的实际情况及时对工业生产活动进行调整，使企业工业生产更加符合现代社会的实际需求。

第二，将数字技术融入企业的电气自动化设备，从现阶段我国发展的实际情况来看，这种情况应用较为广泛，较为常见的就是人们会将执行器、外局域网等结合使用，以辅助相关技术人员更好地对工业自动化生产活动进行控制。

我国数字技术仍处于飞速发展的阶段，将数字技术应用到工业自动化发展过程中，具有极大的发展空间。随着时间的推移及数字技术的发展，人们也会将最新的数字技术应用于工业自动化发展中，辅助工业自动化不断发展与完善。

四、数字技术在工业电气自动化中的应用创新

从现阶段数字技术应用于工业电气自动化发展的实际情况来看，数字技术的确能够在极大程度上提升现阶段工业电气自动化的生产质量，但是现阶段我国数字技术发展仍处于较低水平，其在实际应用的过程中仍存在着较多的不足，将其应用于工业电气自动化发展过程中仍具有较多的缺陷。故而，为保证数字技术在工业电气自动化发展过程中能发挥更大的效用，人们需要不断对其进行改进与创新，让其能在发展的过程中不断对自身进行完善，保证其能在工业生产中发挥更大的效用。

1. GOOSE 与虚端子理论的引入

GOOSE 与虚端子理论是现阶段我国数字创业史中一个重大的突破。在实际应用的过程中，能通过二次回路的改善，提升信号处理质量；在使用的过程中，能使工程调试更加便利，降低工业自动化调试的难度。

2. 智能终端的引入

智能化是现阶段我国数字技术发展的重要方面，能极大程度提升我国各个行业的发展质量。在我国工业电气自动化在实际发展的过程中，也积极将智能终端引入电气自动化。采用智能化终端，能更好地进行数据的传递连接。如在使用的过程中，能通过数据的传递辅助计算机对自动化情况进行分析与判断，进而保护跳闸。智能化技术应用于其中，可以与人工相互配合，进而保护跳闸，为工业自动化生产提供双重保障，较大程度降低工业自动化生产的危险性。

第三节　人工智能技术在电气自动化控制中的应用

随着我国社会经济的不断发展，自动化和人工智能技术进步巨大。电气自动化控

制给人们的社会生活和生产带来了诸多便利，特别是在工业行业中，极大地推动了社会生产力的发展。当前我国社会进入发展的新时期，必须大力加强人工智能技术在电气自动化控制中的应用范围，不断改进工业领域的生产程序，提高全行业的生产效率和产品质量，对人事管理制度、人力资源配置等多项规则进行重新规划，保证我国电气工业系统运行稳定，提升工业的产值和收益。

人工智能技术是以信息技术和网络技术为基础的一项新型产物，随着社会生产力的极大提高，人工智能技术在越来越多的社会生产领域得到了广泛的推广和使用。在以往传统的工业生产中，由于人力和生产力受到较大的局限性，无法满足人们对物质层面的质量需求，这也成为当前电气产业发展的目标和自我要求。因此，如何在当前社会通过技术改进提高工业生产的产能是我们应当思考和研究的问题。必须将人工智能技术和电气自动化控制进行完美结合，促进人工智能技术不断推动机电自动化控制的发展。

一、人工智能技术的优势

（一）适应性较强

传统的电气控制方式以单路控制和线性控制方式为主，这要求工作人员要严格依照系统制定的对象，开展具体的操作控制工作。然而这种控制方式在实际的应用过程中，虽然能达到特定的工作目标，由于其针对性较强，往往只能对某种特定产品展开实际操作，这使传统的电气控制方式无法对其他同类产品或非同类产品展开控制工作，控制效率相对低下，无法适应不同的产品种类。在人工智能技术的帮助下，系统控制将改变单路路线控制方式，采用非线性的变结构控制方式，可以面对复杂多变的制造环境，会根据不同产品的区别，灵活运用控制方式，体现出便捷性和可操作性。人工智能的电气控制方式，能随应用环境的不断变化而调整，具有更强的实用性，更符合当前企业生产环境和实际需求。

（二）操作方式相对简单

传统的电气控制系统操作对工作人员的个人能力提出了相对较高的要求。与此同时，工作人员需要对相关电气设备的具体信息进行深入细致的了解分析，以此作为应用电气控制系统的参考依据，这使得传统的电气控制系统调试修改的难度相对较高，不仅需要工作人员具有丰富的工作经验，还需要花费大量的时间、精力开展调试工作。在人工智能技术的帮助下，这种复杂的操作模式将得到有效转变，这是由于人工智能技术可以有效借助可视化系统，对电气系统展开控制，技术人员可以直观分析控制系统的具体问题。这种操作模式更加简单，不需要工作人员具备较强的专业能力。在进行参数调节时，工作人员不需要通过反复尝试来达成工作目标，只需利用计算机开展模拟操作，就可以取得精准度相对较高、符合工作需要的数据。同时，这一系统的操作界面也更加人性化，便捷性大大增强，符合人们操作的逻辑。因此不难看出，在当前形势下开展系统调整十分必要。在计算机的帮助下，工作人员可以实现精准计算，使计算机展开自动工作，从而实现随时准确提取相关数据的工作目标。

（三）抗干扰能力较强

由于人工智能技术在电气自动控制系统中的便捷性和自动性特征，可以使工作人员在利用人工智能技术的过程中大大提升系统稳定性。同时，电气自动化控制系统对外界干扰的抵抗能力将有效提升，这对于系统及时获取相关数据信息，实现高效调节具有突出作用。对于突发干扰因素，系统能自动识别并且排除，这就为参数信息的迅速、准确传输提供了可靠保障，也有助于维持系统的正常运行。在这种技术加持下，系统运行误差将很少出现，并且在这一技术的持续进步和普遍应用下，其应用前景也将更加广阔。

（四）精度和可控性高

利用现代信息技术对人工智能的调控，可以使现代信息技术在电气自动化控制的过程中具有更高的精度和可控性。例如，在对外界环境进行识别的过程中，借助人工智能中的机器视觉与传感器的结合，使其能在控制的过程中对微结构的观测、定位具有更高的精度，同时在拟合外界物体的轮廓时可以具有更高的精度。再者，在一些大型电气自动化控制设备中，常会由于设备老化、破损导致危险事故，人工智能可以在控制的过程中进行实时检测和调控，从而减少危险事故的发生。在由电气系统控制的一些机构中，如滚珠丝杠螺母副，或者液压泵等，单纯由电气系统进行控制时，达到的控制精度低，加工出来的零件不满足使用要求。例如，在一些车床上的进给装置仍采用手摇驱动的结构，效率低，产品的精度也差。在一些自动化的机床上，由于零件安装误差、对刀误差的存在，使加工出来的一些在精密领域使用的零件不满足使用要求，同时，机床在加工零件的过程中，其反馈机制使整个零件的加工检测机制不完善，加工过程不可控。人工智能的引入，可以补偿一些由于人为因素造成的误差，同时在加工的过程中对刀具的路径轨迹进行实时检测、反馈和修正，提高零件的加工精度。

二、人工智能在电气自动化控制中的应用策略

（一）智能化设备操作系统

在现代工业控制设备操作系统中常常会具有较多的机械类型，工作程序往往较为复杂。因此，若完全采用传统的模式进行生产就有可能给工作人员造成很大的工作压力。在操作之前，可能还需要经过培训才能上岗，并且人工操作可能造成生产过程中的误差增大，经常会出现误操作的问题，给生产企业带来经济损失。特别是在进行重要的生产操作时，电气设备的操作水平如果不到位，就会出现参数控制方面的失误，容易引起工作人员操作不当等问题，同时可能会造成生产线和流水线出现卡顿等故障，影响电气生产顺利运行。

在电气行业生产的过程中，工作人员可以使用人工智能技术，对工业生产的操作流程做出一定的精简和调整，以系统化和平台化的视角打造现代新型智能化生产控制系统。工作人员可以根据生产操作的实际情况设置操作程序，规定电气设备运行的外部环境，对系统进行智能化控制，及时进行机械设备的参数调整，以满足当前的生产需求。当电气设备运行系统进入智能化状态时，就可以省时省力，大大提高工业系统操作的效率。

除此之外，随着当前信息技术的不断发展，人工智能技术也在不断改进，电气生产行业中的人员从业素质也在不断提升，因此，越来越多的生产企业更新了自身的经营思想，实现了电气控制系统的智能优化，也为智能设备的发展提供了人才和技术支持。通过以上方式减少工业生产控制当中存在的不安全因素，大大提高了生产设备的准确性，使越来越多的工业生产企业获得了新的发展路径。

（二）智能化设备故障管理

在电气自动化控制中，故障管理是非常重要的环节。电气系统和电气设备若要获得安全稳定的运行环境，就必须注重对故障和问题的监测，及时发现工业设备在运转过程中出现的异常情况和紧急信号，做出应对和处理。

在以往的电气自动化生产中，由于设备老化和日常养护不到位等问题，机器在运转过程中经常会出现故障，而传统的故障检测设备缺乏较高的灵敏度，没有对问题做出及时准确的预测和判断，同时得出的数据缺乏科学性和参考性。复杂的诊断步骤和流程拖慢了机械的检修效率，最终造成工业设备在运行过程中的速度缓慢。

人工智能技术参与电气自动化控制，能有效优化故障检测的能力，通过人工智能技术对工业设备当前的运行状态和工作模式进行及时的预测和调整。特别是人工智能

的模糊理论、检测技术可以很好地做到防患于未然，大大提升电气设备的故障反应效率，为及时处理问题、避免损失赢得了时间。在智能化的故障检测中，人工智能技术可以通过强大的数据录入系统对电气设备生产的各个环节进行监测，便于工作人员及时分析数据，对工业器械运转过程中的数据波动和故障风险进行预判。工作人员可以根据这些参数的变化精准定位可能出现问题的位置，分析故障产生的原因，节省了大规模排查的时间，节约了人力、物力，提高了现代工业生产当中的自动化控制水平，降低了作业难度，降低了故障发生率，能够促使电气设备安全运行，保障电气设备在稳定的环境中实现高效生产，提高企业的经济效益。

（三）智能化自动控制的实现

随着现代社会对生产数量要求的不断提升，电气设备承担的运行负担也逐渐增加。若要实现高效安全的电气智能化生产，必须将人工智能技术成功运用在电气自动化控制系统当中，使工作人员能通过人工智能提供的技术支持对电气自动化生产过程中的每一个环节进行精准的控制，这样才能使人工智能技术全面服务于电气自动化控制生产。

因此，工作人员必须充分利用人工智能技术中的模糊控制和神经网络控制两个功能，成功将人工智能与电气控制相结合，使电气自动化控制实现智能化的飞跃，在生产过程中体现高效性和科学性。在人工智能的模糊逻辑技术中，智能系统可以模拟人脑的思维，对数据进行检索控制，横向扩大对故障的防控范围，提升电气自动化生产全过程的监控质量，也可以通过智能化的神经网络系统，加快对生产信息和参数的处理，打造科学的人工谐波模型，优化生产系统，使电气生产的安全性得到极大的提高，优化工作方法和工作技术，实现电气自动化控制生产的演算控制，提高电气自动化控制的水平。

综上所述，在电气自动化控制中，必须加强人工智能的推广和使用，改进生产技术，提高生产效率，减少误操作的风险，提高工业电气自动化生产的智能化水平，持续提高电气系统的智能化、自动化控制能力。

参考文献

[1] 熊丽萍. 电气自动化技术及其应用研究 ［M］. 长春：吉林科学技术出版社，2018.

[2] 焦贺彬，张翠云，田小涛. PLC 在电气自动化中的应用研究 ［M］. 北京：北京工业大学出版社，2018.

[3] 沈姝君，孟伟. 机电设备电气自动化控制系统分析 ［M］. 杭州：浙江大学出版社，2018.

[4] 李继芳. 电气自动化技术实践与训练教程 ［M］. 厦门：厦门大学出版社，2019.

[5] 连晗. 电气自动化控制技术研究 ［M］. 长春：吉林科学技术出版社，2019.

[6] 董桂华. 城市综合管廊电气自动化系统技术及应用 ［M］. 北京：冶金工业出版社，2019.

[7] 乔琳. 人工智能在电气自动化行业中的应用 ［M］. 北京：中国原子能出版社，2019.

[8] 方宁，姜蕙. 电气自动化技术专业中高本贯通人才培养体系的构建与实施 ［M］. 西安：西安交通大学出版社，2019.

[9] 许明清. 电气工程及其自动化实验教程 ［M］. 北京：北京理工大学出版社，2019.

[10] 李付有，李勃良，王建强. 电气自动化技术及其应用研究 ［M］. 长春：吉林大学出版社，2020.

[11] 蔡杏山. 电气自动化工程师自学宝典：精通篇 ［M］. 北京：机械工业出版社，2020.

[12] 牟应华，陈玉平. 三菱 PLC 项目式教程 ［M］. 北京：机械工业出版社，2020.

[13] 林叶春. 船舶电气与自动化：船舶电气：管理级 ［M］. 大连：大连海事大学出版社，2020.

[14] 燕宝峰，王来印. 电气工程自动化与电力技术应用 ［M］. 北京：中国原子能出版社，2020.

[15] 魏曙光，程晓燕，郭理彬. 人工智能在电气工程自动化中的应用探索 ［M］. 重庆：重庆大学出版社，2020.

[16] 何良宇. 建筑电气工程与电力系统及自动化技术研究 ［M］. 北京：文化发展出版社，2020.

[17] 郭廷舜，滕刚，王胜华. 电气自动化工程与电力技术 ［M］. 汕头：汕头大学出版社，2021.

[18] 张旭芬. 电气工程及其自动化的分析与研究 ［M］. 长春：吉林人民出版社，2021.

[19] 何永玲. 船舶电气系统及输配电自动化技术 ［M］. 北京：北京工业大学出版社，2021.

[20] 沈倪勇. 电气工程技术实训教程 ［M］. 上海：上海科学技术出版社，2021.

[21] 刘春瑞，司大滨，王建强. 电气自动化控制技术与管理研究 ［M］. 长春：吉林科学技术出版社，2022.

[22] 李岩，张瑜，徐彬. 电气自动化管理与电网工程 ［M］. 汕头：汕头大学出版社，2022.

[23] 闫来清. 机械电气自动化控制技术的设计与研究 ［M］. 北京：中国原子能出版社，2022.

[24] 顾雪艳，缪德建. CAD/CAM 应用技术 ［M］. 3 版. 南京：东南大学出版社，2022.

[25] 隋涛，刘秀芝. 计算机仿真技术：MATLAB 在电气、自动化专业中的应用 ［M］. 2 版. 北京：机械工业出版社，2022.

［26］ 侯玉叶，梁克靖，田怀青. 电气工程及其自动化技术 ［M］. 长春：吉林科学技术出版社，2022.

［27］ 王均佩. 机械自动化与电气的创新研究 ［M］. 长春：吉林科学技术出版社，2022.

［28］ 岳涛，刘倩，张虎. 电气工程自动化与新能源利用研究 ［M］. 长春：吉林科学技术出版社，2022.

［29］ 付勃. 电气自动化控制方式研究 ［M］. 北京：现代出版社，2023.

［30］ 宁艳梅，史连，胡葵. 电气自动化控制技术研究 ［M］. 长春：吉林科学技术出版社，2023.

［31］ 王万良，王铮. 自动控制原理：非自动化类 ［M］. 3 版. 北京：机械工业出版社，2023.

［32］ 徐智. 电气控制与三菱 FX5U PLC 应用技术 ［M］. 北京：机械工业出版社，2023.

［33］ 胡国文，顾春雷，杨晓冬. 电气与 PLC 智能控制技术 ［M］. 北京：机械工业出版社，2023.

［34］ 吴新开. 电力电子技术及应用 ［M］. 北京：机械工业出版社，2023.

［35］ 张乐，匡程. 工业现场总线及应用技术 ［M］. 北京：机械工业出版社，2023.